普通高等教育"十一五"国家级规划教材

金属工艺学

下册　　第 7 版

主　编　邓文英　宋力宏

副主编　李　清　韩秀琴

中国教育出版传媒集团

高等教育出版社·北京

内容提要

本书是普通高等教育"十一五"国家级规划教材,是在邓文英等主编《金属工艺学》(第六版)的基础上,依据教育部新制订的《高等学校工程材料及机械制造基础系列课程教学基本要求》,并吸取兄弟院校教学改革经验修订而成的。

本书分上、下两册。上册除绪论外共五篇:金属材料的基本知识、铸造、金属塑性加工、焊接和非金属材料及其成形;下册一篇:切削加工。本次修订仍坚持"少而精"的原则,突出重点,调整了部分篇章的结构和内容,充实了新工艺、新技术。

本书可作为普通高等学校机械类专业课程教材,也可供有关工程技术人员参考。

图书在版编目(CIP)数据

金属工艺学. 下册 / 邓文英,宋力宏主编. -- 7 版. -- 北京 : 高等教育出版社,2024.7
  ISBN 978-7-04-062267-6

Ⅰ. ①金⋯　Ⅱ. ①邓⋯ ②宋⋯　Ⅲ. ①金属加工-工艺学-高等学校-教材　Ⅳ. ①TG

中国国家版本馆 CIP 数据核字(2024)第 107902 号

Jinshu Gongyixue

策划编辑	宋　晓	责任编辑	龙琳琳	封面设计	张　志	版式设计	明　艳
责任绘图	邓　超	责任校对	陈　杨	责任印制	赵　振		

出版发行	高等教育出版社	网　址	http://www.hep.edu.cn
社　址	北京市西城区德外大街 4 号		http://www.hep.com.cn
邮政编码	100120	网上订购	http://www.hepmall.com.cn
印　刷	河北鹏盛贤印刷有限公司		http://www.hepmall.com
开　本	787mm×1092mm　1/16		http://www.hepmall.cn
印　张	10.5	版　次	1964 年 10 月第 1 版
字　数	250 千字		2024 年 7 月第 7 版
购书热线	010-58581118	印　次	2024 年 7 月第 1 次印刷
咨询电话	400-810-0598	定　价	25.00 元

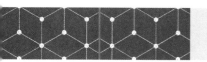
金属工艺学
下册 第7版

主编 邓文英 宋力宏

1 计算机访问https://abooks.hep.com.cn/12327412 或手机微信扫描下方二维码进入新形态教材网。

2 注册并登录后,计算机端进入"个人中心",点击"绑定防伪码",输入图书封底防伪码(20位密码,刮开涂层可见),完成课程绑定;或手机端点击"扫码"按钮,使用"扫码绑图书"功能,完成课程绑定。

3 在"个人中心"→"我的学习"或"我的图书"中选择本书,开始学习。

绑定成功后,课程使用有效期为一年。受硬件限制,部分内容可能无法在手机端显示,请按照提示通过计算机访问学习。

如有使用问题,请直接在页面点击答疑图标进行咨询。

https://abooks.hep.com.cn/12327412

第 7 版 序

金属工艺学是高等工科院校机械类专业必修的技术基础课,其内容是从事机械设计和机械制造工作不可缺少的基础知识。

本书是工程材料及机械制造基础课程的教学用书,第一版于 1964 年出版,第二版于 1988 年荣获全国第一届高等学校优秀教材国家教委二等奖,蒙广大读者的喜爱与支持,提出过很多中肯意见,已历经了六次修订。为适应新工科人才培养的需要,并为满足机械类各专业新时期的教学要求,特组织此次修订。本次修订,仍依据如下原则:

(1) 坚持"少而精"。删陈增新,突出重点,与金属工艺学实习教材有分工并密切配合,并考虑了后续课程的内容,便于安排教学,精选了课程内容。

(2) 正确处理"基础"与"发展"的关系。坚持以"工艺为主""常规为主"的同时,为扩大学生视野,激发创新意识,也适当介绍了学科前沿的一些新技术、新成果。

(3) 全面贯彻国家有关新标准。按国家标准规范名词术语、符号等。

(4) 配套数字化资源。与配套的多媒体课件、习题库等数字资源结合使用,体现教学内容、教学方式和教学手段的多元化、立体化,便于学生了解和掌握该课程的知识体系要求,从而实现新工科人才的培养目标。

本次修订工作由哈尔滨工业大学邢忠文和天津大学宋力宏主持,并分别担任上、下册的主编。参加本次修订工作的主要有:邢忠文(第一篇,第二篇第一、二、三、四、五章,第三篇第一、二、三章、第四章第一至第四节,第四篇);李清(第二篇第六章);包军(第三篇第四章第五节);胡秀丽(第五篇);宋力宏和韩秀琴(第六篇第一、三、五、七章);李清和宋力宏(第六篇第二、四、六章)。

本书上册由山东大学孙康宁教授审阅,下册由河北工业大学曲云霞教授审阅,审阅人提出了宝贵的意见;一些高校老师也对本书的修订提出不少意见和建议,在此表示衷心的感谢。

由于编者水平所限,书中难免存在不当之处,恳请读者批评指正。

作者邮箱:liqing@ tju. edu. cn。

编　者

2023 年 12 月

第 六 版 序

工程材料及机械制造基础是高等工科学校机械类专业必修的技术基础课程，本书是该课程的教学用书。金属工艺学是从事机械设计和机械制造工作不可缺少的基础知识。

本书第一版于1964年问世，第二版于1988年荣获全国第一届高等学校优秀教材二等奖。蒙广大读者的喜爱与支持，提出了很多中肯意见，已历经了四次修订。为适应形势发展的需要，并为满足机械类各专业新时期的教学要求，特组织此次修订。本次修订，我们仍掌握如下原则：

（1）坚持"少而精"。文字简练，与金属工艺学实习教材有分工并密切配合，并考虑了后续课程的内容，便于安排教学。精选内容，删减了一些枝节和陈旧的部分，如"机床上常用的传动副""机床常用变速机构"等。

（2）正确处理"基础"与"发展"的关系。坚持以"工艺为主""常规为主"的同时，为扩大学生视野，激发创新意识，也适当介绍了学科前沿的一些新技术、新成果。增加了"工程材料""非金属材料及其成形""数控车床传动系统""数控加工"等内容。

（3）全面贯彻国家有关新标准。包括国家标准号、名词术语、符号等。

与本书配套的数字课程资源同时发布在高等教育出版社相关网站，请登录网站后开始课程学习（使用说明见书后）。

邓文英先生和郭晓鹏先生已经去世。本次修订工作由哈尔滨工业大学邢忠文和天津大学宋力宏主持，并分别担任上、下册的主编。参加本书修订工作的有：哈尔滨工业大学邢忠文（第一篇、第三篇第一至三章、第四章第一至四节，第四篇），哈尔滨工业大学陈洪勋（第二篇第一至五章），天津大学李清（第二篇第六章），哈尔滨工业大学包军（第三篇第四章第五节），哈尔滨工业大学胡秀丽（第五篇），天津大学宋力宏（第六篇第一、三、五、七章），天津大学李清和宋力宏（第六篇第二章），青岛工学院陈艳和天津大学宋力宏（第六篇第四、六章）。

本书上册由山东大学孙康宁教授审阅，下册由河北工业大学曲云霞教授审阅，审阅人提出了宝贵的意见。一些老师也对本书修订提出不少意见和建议，在此一并表示衷心的感谢。

由于编者水平所限，书中难免存在不当之处，恳请广大读者批评指正。

编　者
2016 年 1 月

目　　录

第六篇　切　削　加　工

第六篇　切削加工

切削加工是使用切削工具(刀具、磨具和磨料),在工具和工件的相对运动中,把工件上多余的材料层切除,使工件获得规定的几何参数(形状、尺寸、位置)和表面质量的加工方法。

切削加工可分为机械加工(简称机工)和钳工两部分。

机工是通过工人操纵机床来完成切削加工的,主要加工方法有车削、钻削、刨削、铣削、磨削及齿轮加工等,所用机床相应为车床、钻床、刨床、铣床、磨床及齿轮加工机床等。

钳工一般是通过工人手持工具来进行加工的。钳工常用的加工方法有錾、锯、锉、刮、研、钻孔、铰孔、攻螺纹(俗称攻丝)和套螺纹(俗称套扣)等。为了减轻劳动强度和提高生产效率,钳工中的某些工作已逐渐被机工代替,实现了机械化。在某些场合下,钳工加工是非常经济和方便的,如机器的装配和修理中某些配件的锉修、导轨面的刮研、笨重机件上的攻螺纹等。因此,钳工有其独特的价值,尤其在装配和修理等工作中占有一定的地位。

由于现代机器的精度和性能都要求较高,因而对组成机器的大部分零件的加工质量也相应提出了较高要求。为了满足这些要求,目前绝大多数零件的质量还要靠切削加工方法来保证。因此,正确进行切削加工以保证产品质量、提高生产率和降低成本,就有着重要的意义。

第一章　金属切削的基础知识

金属切削加工虽有多种不同的形式,但在很多方面,如切削运动、切削工具以及切削过程的物理实质等都有共同的现象和规律。这些现象和规律是学习各种切削加工方法的共同基础。

第一节　切削运动及切削要素

一、零件表面的形成及切削运动

机器零件的形状虽然很多,但分析起来,其主要由下列几种表面组成,即外圆面、内圆面(圆柱孔)、平面和成形面。因此,只要能对这几种表面进行加工,就基本上能完成所有机器零件的加工。

外圆面和孔可认为是以某一直线为母线、以圆为轨迹作旋转运动所形成的表面。

平面是以一直线为母线、以另一直线为轨迹作平移运动所形成的表面。

成形面可认为是以曲线为母线、以圆或直线为轨迹作旋转或平移运动所形成的表面。

上述几种表面可分别用图 1-1 所示的相应加工方法来获得。由图可知,要对这些表面进行加工,刀具与工件之间必须有一定的相对运动,即切削运动。

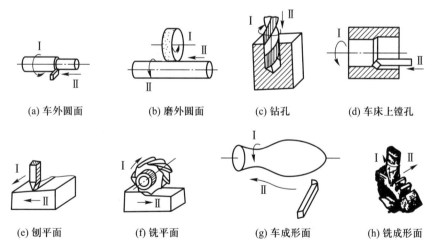

(a) 车外圆面　　(b) 磨外圆面　　(c) 钻孔　　(d) 车床上镗孔

(e) 刨平面　　(f) 铣平面　　(g) 车成形面　　(h) 铣成形面

图 1-1　零件不同表面加工时的切削运动

切削运动包括主运动(图 1-1 中 I)和进给运动(图 1-1 中 II)。主运动使刀具和工件之间产生相对运动,促使刀具前面接近工件而实现切削。主运动的速度最高,消耗功率最大。进给运动使刀具与工件之间产生附加的相对运动,进给运动与主运动配合即可连续切除材料,获得具有所需几何特性的已加工表面。各种切削加工方法(如车削、钻削、刨削、磨削和齿轮加工等)都是为了加工某种表面而发展起来的,因此也都有其特定的切削运动。如图 1-1 所示,切削运动有旋转运动,也有直线运动;有连续运动,也有间歇运动。

切削时,实际的切削运动是一个合成运动(图 1-2),其方向是由合成切削速度角 η 确定的。

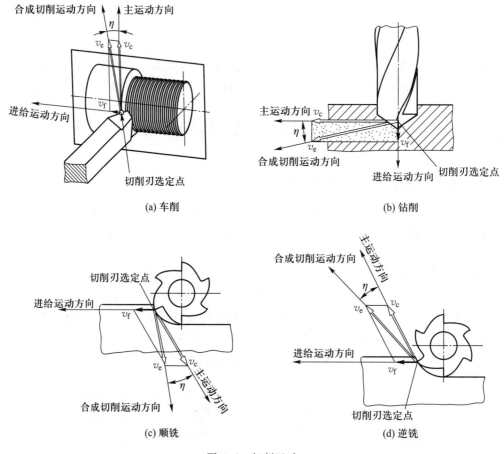

(a) 车削

(b) 钻削

(c) 顺铣

(d) 逆铣

图 1-2　切削运动

二、切削用量

切削用量用来衡量切削运动量的大小。在一般的切削加工中,切削用量包括切削速度、进给量和背吃刀量三要素。

1. 切削速度 v_c

切削刃上选定点相对于工件作主运动的瞬时速度称为切削速度,以 v_c 表示,单位为 m/s 或 m/min[①]。

若主运动为旋转运动,切削速度 v_c 一般为其最大线速度,按下式计算:

---

①　在法定计量单位中,速度 v_c 的基本单位应为 m/s。但在当前生产中,除磨削的切削速度单位用 m/s 外,其他切削加工中速度单位仍习惯用 m/min。

$$v_c = \frac{\pi d n}{1\ 000} \qquad \text{m/s 或 m/min}$$

式中:d——工件或刀具的直径,mm;

　　n——工件或刀具的转速,r/s 或 r/min。

若主运动为往复直线运动(如刨削、插削等),则常以其平均速度为切削速度,v_c 按下式计算:

$$v_c = \frac{2L n_r}{1\ 000} \qquad \text{m/s 或 m/min}$$

式中:L——往复行程长度,mm;

　　n_r——主运动每秒或每分钟的往复次数,st/s[①] 或 st/min。

2. 进给量

刀具在进给运动方向上相对工件的位移量称为进给量。不同的加工方法,由于所用刀具和切削运动形式不同,进给量的表述和度量方法也不相同。

用单齿刀具(如车刀、刨刀等)加工时,进给量常用刀具或工件每转或每行程中,刀具在进给运动方向上相对工件的位移量来度量,称为每转进给量或每行程进给量,以 f 表示,单位为 mm/r 或 mm/st(图 1-3)。

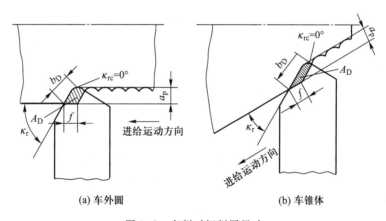

(a) 车外圆　　　　　　　　　　(b) 车锥体

图 1-3　车削时切削层尺寸

进给运动的瞬时速度称为进给速度,以 v_f 表示,单位为 mm/s 或 mm/min。刀具每转或每行程中每齿相对工件在进给运动方向上的位移量,称为每齿进给量,以 f_z 表示,单位为 mm/z。

用多齿刀具(如铣刀、钻头等)加工时,f_z、f、v_f 之间有如下关系:

$$v_f = fn = f_z z n \qquad \text{mm/s 或 mm/min}$$

式中:n——刀具或工件的转速,r/s 或 r/min;

　　z——刀具的齿数。

[①]　st 为习惯用法,代表行程,虽为非法定计量单位符号,但考虑习惯,仍沿用之。

3. 背吃刀量 a_p

在通过切削刃上选定点并垂直于该点主运动方向的切削层尺寸平面中,垂直于进给运动方向测量的切削层尺寸,称为背吃刀量,以 a_p 表示(图1-3),单位为 mm。车外圆时,a_p 可用下式计算:

$$a_p = \frac{d_w - d_m}{2} \quad \text{mm}$$

式中: d_w——工件待加工表面(图1-4)直径,mm;

d_m——工件已加工表面直径,mm。

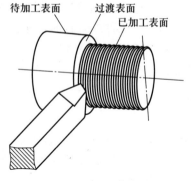

图 1-4 工件表面

三、切削层参数

切削层是指切削过程中,由刀具切削部分的一个单一动作(如车削时工件转一圈,车刀主切削刃移动一段距离)所切除的工件材料层。它决定了切屑的尺寸及刀具切削部分的载荷。切削层的尺寸和形状通常是在切削层尺寸平面中测量的(图1-3)。

1. 切削层公称横截面积 A_D

在给定瞬间,切削层在切削层尺寸平面内的实际横截面积,单位为 mm²。

2. 切削层公称宽度 b_D

在给定瞬间,主切削刃截形上两个极限点间的距离。切削层公称宽度在切削层尺寸平面中测量,单位为 mm。

3. 切削层公称厚度 h_D

在同一瞬间的切削层公称横截面积与其公称宽度之比,单位为 mm。

由定义可知

$$A_D = b_D h_D \quad \text{mm}^2$$

因 A_D 不包括加工表面残留面积,而且在各种加工方法中 A_D 与进给量和背吃刀量的关系不同,所以 A_D 不等于 f 与 a_p 的积。只有在车削加工中,当加工表面残留面积很小时才能近似地认为它们相等,即

$$A_D \approx f a_p \quad \text{mm}^2$$

这时也可近似地认为

$$b_D \approx a_p / \sin \kappa_r \quad \text{mm}$$

$$h_D \approx f \sin \kappa_r \quad \text{mm}$$

第二节 刀具材料及刀具构造

切削过程中,直接完成切削工作的是刀具。无论哪种刀具,一般都由切削部分和夹持部分组成。夹持部分是用来将刀具夹持在机床上的部分,要求它能保证刀具正确的工作位置,传递刀具所需要的运动和动力,并且要夹固可靠,装卸方便。切削部分是刀具上直接参加切削工作的部分,刀具切削性能的优劣取决于切削部分的材料、角度和结构。

一、刀具材料

1. 对刀具材料的基本要求

刀具材料是指刀具切削部分的材料。刀具在高温下工作,并要承受较大的压力、摩擦、冲击和振动等,因此刀具材料应具备以下基本性能:

(1)较高的硬度。刀具材料的硬度必须高于工件材料的硬度,常温硬度一般在 60 HRC 以上。

(2)足够的强度和韧度,以承受切削力、冲击和振动。

(3)较好的耐磨性,以抵抗切削过程中的磨损,维持一定的切削时间。

(4)较高的耐热性,以便在高温下仍能保持较高硬度(又称为红硬性或热硬性)。

(5)较好的工艺性,以便于制造各种刀具。工艺性包括锻造、轧制、焊接、切削加工、磨削加工和热处理性能等。

目前,尚没有一种刀具材料能全面满足上述要求。因此,必须了解常用刀具材料的性能和特点,以便根据工件材料的性能和切削要求选用合适的刀具材料。同时,应进行新型刀具材料的研制。

2. 常用的刀具材料

目前,在切削加工中常用的刀具材料有非合金工具钢、合金工具钢、高速钢、硬质合金及陶瓷等材料。

非合金工具钢是碳质量分数较高的优质钢($w_C = 0.7\% \sim 1.2\%$,如 T10A 等),淬火后硬度较高,价廉,但耐热性较差(表 1-1)。在非合金工具钢中加入少量的 Cr、W、Mn、Si 等元素,形成合金工具钢(如 9SiCr 等),可适当减少热处理变形和提高耐热性(表 1-1)。由于这两种刀具材料的耐热性较差,常用来制造一些切削速度不高的手工工具,如锉刀、锯条、铰刀等,较少用于制造其他刀具。目前,生产中应用最广的刀具材料是高速钢和硬质合金,而陶瓷刀具主要用于精加工。

表 1-1 常用刀具材料的基本性能

刀具材料	代表牌号	硬度/HRA(HRC)	抗弯强度 σ_b /GPa	冲击韧度 a_K /(kJ/m²)	耐热性 /℃	切削速度之比
非合金工具钢	T10A	81~83(60~64)	2.45~2.75	—	≈200	0.2~0.4
合金工具钢	9SiCr	81~83.5(60~64)	2.45~2.75	—	200~300	0.5~0.6
高速钢	W18Cr4V	82~87(62~69)	2.94~3.33	176~314	540~650	1.0
	W6Mo5Cr4V2Al	(67~69)	2.84~3.82	225~294	540~650	
硬质合金	K01(YG3)	≥92.3	≥1.35	19.2~39.2	≈900	≈4
	K20(YG6)	≥91.0	≥1.55		800~900	
	K30(YG8)	≥89.5	≥1.65		≈800	
	P01(YT30)	≥92.3	≥0.07	2.9~6.8	≈1 000	≈4.4
	P10(YT15)	≥91.7	≥1.20		900~1 000	
	P30(YT5)	≥90.2	≥1.55		≈900	
陶瓷	Al₂O₃ 系 LT35	93.5~94.5	0.9~1.1	—	>1 200	≈10
	Si₃N₄ 系 HDM2	≈93	≈0.98	—		

注:硬质合金牌号中括号外为 GB/T 18376.1—2008 规定的牌号,括号内为 YS/T 400—1994 规定的牌号。

（1）高速钢 它是含 W、Cr、V 等合金元素较多的合金工具钢。它的耐热性、硬度和耐磨性虽低于硬质合金,但抗弯强度和冲击韧度却高于硬质合金（表 1-1）,工艺性比硬质合金好,而且价格也比硬质合金低。普通高速钢（如 W18Cr4V）是国内使用最为普遍的刀具材料,广泛用于制造形状较为复杂的各种刀具,如麻花钻、铣刀、拉刀、齿轮刀具和其他成形刀具等。

（2）硬质合金 它是以高硬度、高熔点的金属碳化物（WC、TiC 等）作基体,以金属 Co 等作黏结剂,用粉末冶金方法制成的一种合金。它的硬度高,耐磨性好,耐热性好,允许的切削速度比高速钢高数倍,但其抗弯强度和冲击韧度均较高速钢低（表 1-1）,工艺性也不如高速钢。因此,硬质合金常制成各种类型的刀片,焊接在或机械夹固在车刀、刨刀、端铣刀等的刀柄（刀体）上使用。国产的硬质合金一般分为两大类:一类是由 WC 和 Co 组成的钨钴类（K 类）,一类是由 WC、TiC 和 Co 组成的钨钛钴类（P 类）。

K 类硬质合金塑性较好,但切削塑性材料时耐磨性较差,因此它适于加工铸铁、青铜等脆性材料。常用 K 类硬质合金的牌号有 K01、K20、K30 等,其中数字大的表示 Co 含量高。Co 含量低的硬质合金较脆,较耐磨。

P 类硬质合金比 K 类硬质合金硬度高,耐热性好,并且在切削韧性材料时较耐磨,但其韧性较小,适于加工钢件。常用 P 类硬质合金的牌号有 P01、P10、P30 等,其中数字大的表示 TiC 含量低。TiC 的含量越高,硬质合金的韧性越小,而耐磨性和耐热性越好。

（3）陶瓷 目前世界上生产的陶瓷刀具材料大致可分为氧化铝（Al_2O_3）系和氮化硅（Si_3N_4）系两大类,而且大部分陶瓷刀具材料属于前者。氧化铝系陶瓷刀具材料的主要成分是 Al_2O_3,陶瓷刀片的硬度高,耐磨性好,耐热性好（表 1-1）,允许使用较高的切削速度,加之 Al_2O_3 的价格低廉,原料丰富,因此很有发展前途。近年来,各国已先后研制成功多种"金属陶瓷",如我国制成的 SG4、DT35、HDM4、P2、T2 等牌号的陶瓷材料,其成分除 Al_2O_3 外,还含有各种金属元素,抗弯强度比普通陶瓷刀片高。

3. 其他新型刀具材料简介

随着科学技术和工业的发展,出现了一些高强度、高硬度的难加工材料,需要性能更好的刀具加工,所以国内外对新型刀具材料进行了大量的研究和探索。

（1）高速钢的改进 为了提高高速钢的硬度和耐热性,可在高速钢中增添新的元素。如我国制成的铝高速钢（如 W6Mo5Cr4V2Al 等）,即增添了 Al 等元素,它的硬度达到 70 HRC,耐热温度超过 600 ℃,属于高性能高速钢,又称超高速钢;也可以用粉末冶金法细化晶粒（碳化物晶粒直径为 2～5 μm）,消除碳化物的偏析,使高速钢韧度大、硬度高,热处理时变形小,适于制造各种高精度的刀具。

（2）硬质合金的改进 硬质合金的缺点是强度和韧度低,对冲击和振动敏感。改进硬质合金的方法是增添合金元素和细化晶粒,例如加入碳化钽（TaC）或碳化铌（NbC）形成万能型硬质合金 M10（YW1）和 M20（YW2）,既适于加工铸铁等脆性材料,又适于加工钢等塑性材料。

近年来还发展了涂层刀片,就是在韧性较好的硬质合金（K 类）基体表面,涂敷一层约 5 μm厚的 TiC 或 TiN（氮化钛）或二者的复合,以提高其表层的耐磨性。

（3）人造金刚石 人造金刚石硬度极高（接近 10 000 HV,而硬质合金的硬度仅为 1 000～2 000 HV）,耐热温度为 700～800 ℃。聚晶金刚石大颗粒可制成一般切削工具,单晶微粒主要制成砂轮或作研磨剂用。金刚石除可以加工高硬度而且耐磨的硬质合金、陶瓷、玻璃等外,还可以加工有色金属及其合金。但金刚石刀具不宜于加工铁族金属,这是由于铁和碳原子的亲和力较强,易产生黏结作用,加快金刚石刀具磨损。

(4)立方氮化硼(CBN) 立方氮化硼是人工合成的一种高硬度材料,硬度(7 300~9 000 HV)仅次于金刚石。但它的耐热性和化学稳定性都大大高于金刚石,能耐 1 300~1 500 ℃的高温,并且与铁族金属的亲和性差。因此,立方氮化硼的切削性能好,不但适于加工非铁族难加工材料,也适于加工铁族材料。

CBN 和金刚石刀具脆性大,故使用这两类材料的刀具时机床刚性要好。CBN 和金刚石刀具主要用于连续切削,尽量避免冲击和振动。

二、刀具角度

切削刀具的种类虽然很多,但它们切削部分的结构要素和几何角度有着许多共同的特征。如图 1-5 所示,各种多齿刀具或复杂刀具,就其一个刀齿而言,都相当于一把车刀的刀头。下面从车刀入手,对刀具切削部分的组成和主要角度进行分析和研究。

1. 车刀切削部分的组成

车刀切削部分由三个面组成,即前面、主后面和副后面(图 1-6)。

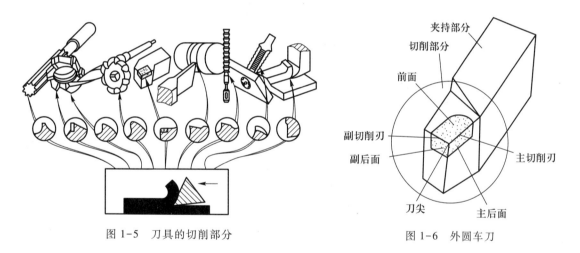

图 1-5 刀具的切削部分　　　　图 1-6 外圆车刀

(1)前面 刀具上切屑流过的表面。

(2)后面 刀具上与工件在切削中产生的表面相对的表面。与前面相交形成主切削刃的后面称为主后面;与前面相交形成副切削刃的后面称为副后面。

(3)切削刃(图 1-7) 切削刃是指刀具前面上拟作切削用的刃,有主切削刃和副切削刃之分。主切削刃是起始于切削刃上主偏角为零的点,并至少有一段切削刃拟用来在工件上切出过渡表面的整段切削刃。切削时,主要的切削工作由主切削刃来负担。副切削刃是指切削刃上除主切削刃以外的切削刃,亦起始于主偏角为零的点,但它向背离主切削刃的方向延伸。切削过程中,副切削刃也起一定的切削作用,但切削作用不是很明显。

当刀具的切削部分参与切削时,又把切削刃分为工作切削刃(刀具上拟作切削用的刃)和作用切削刃。作用切削刃是指在特定瞬间,工作切削刃上实际参与切削,并在工件上产生过渡表面

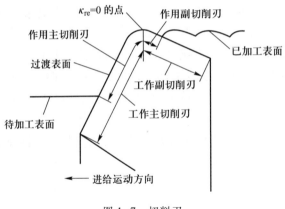

图 1-7 切削刃

和已加工表面的那段刃。为区别起见,分别在主切削刃、副切削刃前冠以"工作"或"作用"二字。

主切削刃与副切削刃的连接处相当小的一部分切削刃,称为刀尖。实际刀具的刀尖并非绝对尖锐,而是一小段曲线或直线,分别称为修圆刀尖和倒角刀尖。

2. 车刀切削部分的主要角度

刀具要从工件上切除余量,就必须使它的切削部分具有一定的切削角度。为定义、规定刀具切削部分的不同角度,适应刀具在设计、制造及工作时的多种需要,需选定适当组合的基准坐标平面作为参考系。其中用于定义刀具设计、制造、刃磨和测量时几何参数的参考系,称为刀具静止参考系;用于规定刀具进行切削加工时几何参数的参考系,称为刀具工作参考系。工作参考系与静止参考系的区别在于工作参考系用实际的合成运动方向取代假定主运动方向,用实际的进给运动方向取代假定进给运动方向。

(1)刀具静止参考系 它主要包括基面、切削平面、正交平面和假定工作平面等(图 1-8)。

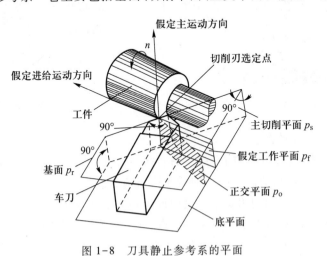

图 1-8 刀具静止参考系的平面

1)基面 过切削刃选定点,垂直于该点假定主运动方向的平面,以 p_r 表示。

2)切削平面 过切削刃选定点,与切削刃相切,并垂直于基面的平面,主切削平面以 p_s 表示,副切削平面以 p_s' 表示。

3）正交平面　过切削刃选定点，并同时垂直于基面和切削平面的平面，以 p_o 表示。

4）假定工作平面　过切削刃选定点，垂直于基面并平行于假定进给运动方向的平面，以 p_f 表示。

（2）车刀的主要角度　在车刀设计、制造、刃磨及测量时，必需的主要角度有以下几个（图1-9）：

1）主偏角 κ_r　在基面中测量的主切削平面与假定工作平面间的夹角。

2）副偏角 κ_r'　在基面中测量的副切削平面与假定工作平面间的夹角。

主偏角主要影响切削层截面的形状和参数，影响切削分力的变化，并和副偏角一起影响已加工表面的粗糙度；副偏角还有减小副后面与已加工表面间摩擦的作用。

如图1-10所示，当背吃刀量和进给量一定时，主偏角越小，切削层公称宽度越大而公称厚度越小，即切下宽而薄的切屑。这时，主切削刃单位长度上的负荷较小，并且散热条件较好，有利于提高刀具的耐用度。

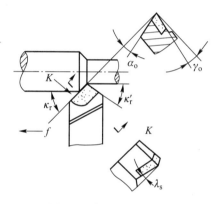

图1-9　车刀的主要角度

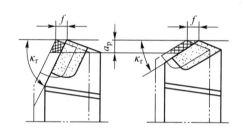

图1-10　主偏角对切削层参数的影响

由图1-11可以看出，当主偏角、副偏角小时，已加工表面残留面积的高度 h_c 亦小，因而可减小表面粗糙度的值，并且刀尖强度和散热条件较好，有利于提高刀具的耐用度。但是，当主偏角减小时，背向力将增大，若加工刚度较差的工件（如车细长轴），则容易引起工件变形，并可能产生振动。

应根据工件的刚度及加工要求选取合理的主偏角、副偏角数值。一般车刀常用的主偏角有45°、60°、75°、90°等几种；副偏角为5°~15°，粗加工时取较大值。

3）前角 γ_o　前角为在正交平面中测量的前面与基面间的夹角。根据前面和基面相对位置的不同，前角又分别规定为正前角、零度前角和负前角（图1-12）。

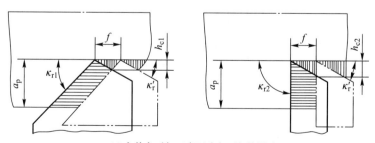

(a) 主偏角对加工表面残留面积的影响

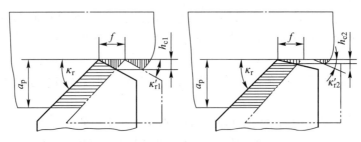

(b) 副偏角对加工表面残留面积的影响

图 1-11 主偏角、副偏角对加工表面残留面积的影响

当刀具取较大的前角时,切削刃锋利,切削轻快,即切削层材料变形小,切削力也小。但当前角过大时,切削刃和刀头的强度、散热条件和受力状况变差(图 1-13),使刀具磨损加快,耐用度降低,甚至崩刃损坏。若取较小的前角,虽然切削刃和刀头较强固,散热条件和受力状况也较好,但切削刃变钝,对切削加工也不利。

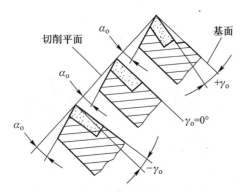

图 1-12 正前角、零度前角与负前角

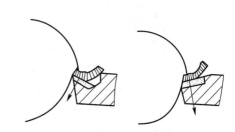

图 1-13 前角的作用

前角的大小常根据工件材料、刀具材料和加工性质来选择。当工件材料塑性大、强度和硬度低或刀具材料的强度和韧性好或进行精加工时,取较大的前角;反之取较小的前角。例如,用硬质合金车刀切削结构钢件时,γ_o 可取 $10° \sim 20°$;切削灰铸铁件时,γ_o 可取 $5° \sim 15°$ 等。

4)后角 α_o 后角为在正交平面中测量的刀具后面与切削平面间的夹角。

后角的主要作用是减少刀具后面与工件表面间的摩擦,并配合前角改变切削刃的锋利程度与强度。后角大,摩擦小,切削刃锋利。但后角过大,使切削刃强度变差,散热条件变差,刀具磨损加速。反之,后角过小,虽切削刃强度增加,散热条件变好,但摩擦加剧。

后角的大小常根据加工的种类和性质来选择。例如,进行粗加工或加工的工件材料较硬时,要求切削刃强固,后角取较小值:$\alpha_o = 6° \sim 8°$。反之,对切削刃强度要求不高,主要希望减小摩擦和已加工表面的粗糙度值时,后角可取稍大的值:$\alpha_o = 8° \sim 12°$。

5)刃倾角 λ_s 刃倾角为在主切削平面中测量的主切削刃与基面间的夹角。与前角类似,刃倾角也有正值、负值和零值之分(图 1-14)。

刃倾角主要影响刀头的强度、切削分力和排屑方向。负的刃倾角可起到增加刀头强度的作用,但会使背向力增大,有可能引起振动,而且还会使切屑排向已加工表面,可能划伤和拉毛已加工表面。因此,粗加工时为了增加刀头的强度,λ_s 常取负值;精加工时为了保护已加工表面,λ_s

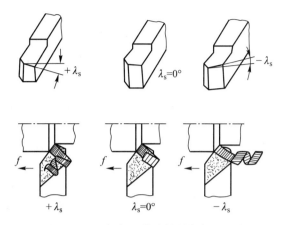

图 1-14　刃倾角及其对排屑方向的影响

常取正值或零度。车刀的刃倾角一般在 $-5°\sim +5°$ 范围内选取。有时为了提高刀具耐冲击的能力，λ_s 可取较大的负值。

在实际生产中，先进生产者通过改变车刀的几何参数创造了不少先进车刀。例如高速车削细长轴的银白屑车刀，工件表面粗糙度 Ra 值可达 $1.6\sim 3.2~\mu m$，切削效率比一般外圆车刀提高两倍以上。粗加工时刀片材料采用 P10，精加工时采用 P01。银白屑车刀的几何形状如图 1-15 所示，其特点如下：

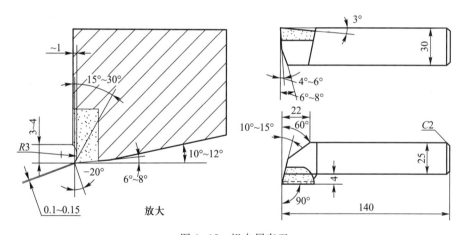

图 1-15　银白屑车刀

1) 采用 90° 主偏角，以减小背向力，使工件变形减小；

2) 前角大（15°～30°），切削力小，前面上磨有宽 3～4 mm 的卷屑槽，卷屑排屑顺利，发热量小，切屑呈银白色；

3) 主切削刃上磨有 0.1～0.15 mm 的倒棱，以增加主切削刃的强度；

4) 主切削刃刃倾角 $\lambda_s = +3°$，使切屑向待加工表面排出，不致损伤已加工表面。

这种车刀在粗车或半精车时可以采用较大的切削用量；当采用高速小进给量时，这种车刀也适于精加工。

（3）刀具的工作角度　它是指在工作参考系中定义的刀具角度。刀具工作角度考虑了合成运动和刀具安装条件的影响。一般情况下,进给运动对合成运动的影响可忽略,并在正常安装条件下,如车刀刀尖与工件回转轴线等高、刀柄纵向轴线垂直于进给方向等,车刀的工作角度近似于静止参考系中的刀具角度。但在切断、车螺纹及车非圆柱表面时,就要考虑进给运动的影响。

如图 1-16 所示,车外圆时,若刀尖高于工件的回转轴线,则工作前角 $\gamma_{oe} > \gamma_o$,而工作后角 $\alpha_{oe} < \alpha_o$;反之,若刀尖低于工件的回转轴线,则 $\gamma_{oe} < \gamma_o$,$\alpha_{oe} > \alpha_o$。镗孔时的情况正好与此相反。当车刀刀柄的纵向轴线与进给方向不垂直时,将会引起主偏角和副偏角的变化,如图 1-17 所示。

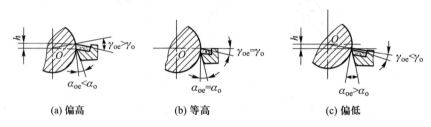

(a) 偏高   (b) 等高   (c) 偏低

图 1-16 车刀安装高度对刀具前角和后角的影响

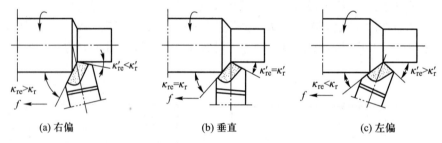

(a) 右偏   (b) 垂直   (c) 左偏

图 1-17 车刀安装偏斜对主偏角和副偏角的影响

三、刀具结构

刀具的结构形式对刀具的切削性能、切削加工的生产率和经济效益有着重要的影响。下面仍以车刀为例,说明刀具结构的演变和改进。

车刀的结构形式有整体式、焊接式、机夹重磨式和机夹可转位式等几种。早期使用的车刀结构多半是整体结构,对贵重的刀具材料消耗较大。焊接式车刀的结构简单、紧凑,刚性好,而且加工时灵活性较大,可以根据加工条件和加工要求较方便地磨出所需的角度,应用十分普遍。然而,焊接式车刀的硬质合金刀片经过高温焊接和刃磨后会产生内应力和裂纹,使其切削性能下降,对提高生产率很不利。

为了避免高温焊接所带来的缺陷,提高刀具的切削性能,并使刀柄能多次使用,可采用机夹重磨式车刀。其主要特点是刀片与刀柄是两个可拆开的独立元件,工作时靠夹紧元件把它们紧固在一起。图 1-18 所示为机夹重磨式切断刀的一种典型结构。

随着自动机床、数控机床和机械加工自动线的发

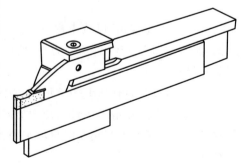

图 1-18 机夹重磨式切断刀的典型结构

展,由于换刀、调刀等造成停机,无论焊接式车刀还是机夹重磨式车刀都不能适应需要,因此研制了机夹可转位式车刀(曾称为机夹不重磨车刀)。实践证明,这种车刀无论在自动化程度高的设备上,还是在通用机床上,都比焊接式车刀或机夹重磨式车刀优越,是当前车刀发展的主要方向。

所谓机夹可转位式车刀,是将具有一定几何参数的多边形刀片用机械夹固的方法装夹在标准刀体上。使用时,刀片上一个切削刃用钝后,只需松开夹紧机构,将刀片转位换成另一个新的切削刃,便可继续切削。机夹可转位式车刀由刀体、刀片、刀垫及夹紧机构等组成,图1-19所示为杠杆式可转位车刀。

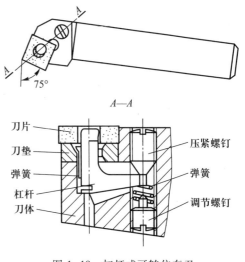

图 1-19　杠杆式可转位车刀

机夹可转位式车刀的主要优点如下:

(1) 避免了因焊接而引起的缺陷,在相同的切削条件下刀具切削性能大为提高;

(2) 在一定条件下卷屑、断屑稳定可靠;

(3) 刀片转位后仍可保证切削刃与工件的相对位置,减少了调刀停机时间,提高了生产率;

(4) 刀片一般不需重磨,利于涂层刀片的推广使用;

(5) 刀体使用寿命长,可节约刀体材料及其制造费用。

第三节　金属切削过程

金属切削过程的研究,对于切削加工技术的发展和进步,保证加工质量,降低生产成本,提高生产率,都有着十分重要的意义。切削过程中的许多物理现象,如切削力、切削热、刀具磨损以及加工表面质量等都是以切屑形成过程为基础的,而生产实践中出现的许多问题,如振动、卷屑和断屑等都同切削过程有着密切的关系。对于切削过程中的现象和规律,本书仅做简单的分析和讨论。

一、切屑形成过程及切屑种类

1. 切屑形成过程

金属的切削过程实际上与金属的挤压过程很相似。切削塑性金属时,材料受到刀具的作用以后开始产生弹性变形。随着刀具继续切入,金属内部的应力、应变继续加大。当应力达到材料的屈服强度时,金属材料产生塑性变形。刀具再继续前进,应力进而达到材料的断裂强度,金属材料被挤裂,并沿着刀具的前面流出而成为切屑。

经过塑性变形的切屑,其厚度 h_{ch} 大于切削层公称厚度 h_D,而长度 l_{ch} 小于切削层公称长度 l_D(图1-20),这种现象称为切屑收缩。切屑厚度与切削层公称厚度之比称为切屑厚度压缩比,以 Λ_h 表示。由定义可知:

$$\Lambda_h = \frac{h_{ch}}{h_D}$$

一般情况下，$\varLambda_h > 1$。

切屑厚度压缩比反映了切削过程中切屑变形程度的大小，对切削力、切削温度和表面粗糙度有重要影响。在其他条件不变时，切屑厚度压缩比愈大，切削力越大，切削温度越高，工件加工表面越粗糙。因此，在加工过程中，可根据具体情况采取相应措施，来减小变形程度，改善切削过程。例如在中速或低速切削时，可增大前角以减小变形，或对工件进行适当的热处理，以降低材料的塑性，使变形减小等。

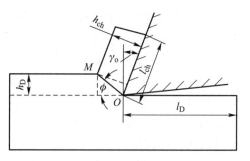

图 1-20　切屑收缩

2. 切屑的种类

由于工件材料的塑性不同、刀具的前角不同或采用不同的切削用量等，会形成不同类型的切屑，并对切削加工产生不同的影响。常见的切屑有如下几种（图 1-21）：

（1）带状切屑　在采用大前角的刀具、较高的切削速度和较小的进给量切削塑性材料时，容易得到带状切屑（图 1-21a）。形成带状切屑时，切削力较平稳，加工表面较光洁，但切屑连续不断，不太安全或可能刮伤已加工表面，因此要采取断屑措施。

（2）节状切屑　在采用较低的切削速度和较大的进给量粗加工中等硬度的钢材时，容易得到节状切屑（图 1-21b）。形成这种切屑时，金属材料经过弹性变形、塑性变形、挤裂和切离等阶段（典型的切削过程）。形成节状切屑时，由于切削力波动较大，工件表面较粗糙。

（3）崩碎切屑　在切削铸铁和黄铜等脆性材料时，切削层金属发生弹性变形以后，一般不经过塑性变形就突然崩落，形成不规则的碎块状屑片，即为崩碎切屑（图 1-21c）。产生崩碎切屑时，切削热和切削力都集中在主切削刃和刀尖附近，刀尖容易磨损，并容易产生振动，影响工件的表面质量。

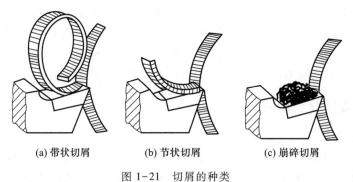

(a) 带状切屑　　　　(b) 节状切屑　　　　(c) 崩碎切屑

图 1-21　切屑的种类

切屑的形状可以随切削条件的不同而改变。在生产中，常根据具体情况采取不同的措施来得到需要的切屑，以保证切削加工的顺利进行。例如，加大刀具前角、提高切削速度或减小进给量，可将节状切屑转变成带状切屑，使加工的表面较为光洁。

二、积屑瘤

在一定范围的切削速度下切削塑性金属时，常发现在刀具前面靠近切削刃的部位黏附着一小块很硬的金属，这就是积屑瘤，或称刀瘤，如图 1-22 所示。

1. 积屑瘤的形成

当切屑沿刀具的前面流出时,在一定的温度与压力作用下,与前面接触的切屑底层受到很大的摩擦阻力,致使这一层金属的流出速度减慢,形成一层很薄的"滞流层"。当前面对滞流层的摩擦阻力超过切屑材料的内部结合力时,就会有一部分金属黏附在切削刃附近,形成积屑瘤。

积屑瘤形成后不断长大,达到一定高度又会破裂,而被切屑带走或嵌附在工件表面。上述过程是反复进行的。

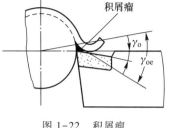

图 1-22　积屑瘤

2. 积屑瘤对切削加工的影响

在形成积屑瘤的过程中,金属材料因塑性变形而被强化。因此,积屑瘤的硬度比工件材料的硬度高,能代替切削刃进行切削,起到保护切削刃的作用。同时,由于积屑瘤的存在,增大了刀具实际工作前角(图 1-22),使切削轻快。所以,粗加工时希望产生积屑瘤。

但是,积屑瘤的顶端伸出切削刃之外,而且在不断地产生和脱落,使切削层公称厚度不断变化,影响工件的尺寸精度。此外,积屑瘤还会导致切削力的变化,引起振动,并会有一些积屑瘤碎片黏附在工件已加工表面上,使工件表面变得粗糙。因此,精加工时应尽量避免积屑瘤的产生。

3. 积屑瘤的控制

影响积屑瘤形成的主要因素有工件材料的力学性能、切削速度和冷却润滑条件等。

在工件材料的力学性能中,影响积屑瘤形成的主要性能是工件材料的塑性。工件材料的塑性越大,越容易形成积屑瘤。例如,加工低碳钢、中碳钢、铝合金等材料时容易产生积屑瘤。要避免积屑瘤,可将工件材料进行正火或调质处理,以提高其强度和硬度,降低其塑性。

在对某些工件材料进行切削时,切削速度是影响积屑瘤的主要因素。切削速度是通过切削温度和摩擦来影响积屑瘤的形成的。例如,加工中碳钢工件时,当切削速度很低(<5 m/min)时,切削温度较低,切屑内部结合力较大,刀具前面与切屑间的摩擦小,积屑瘤不易形成;当切削速度增大($5\sim50$ m/min)时,切削温度升高,摩擦加大,则易于形成积屑瘤;当切削速度很高(>100 m/min)时,切削温度较高,摩擦较小,则无积屑瘤形成。

因此,一般精车、精铣时采用高速切削,而拉削、铰削和宽刀精刨时,则采用低速切削,以避免形成积屑瘤。选用适当的切削液,可有效降低切削温度,减少摩擦,也是减少或避免积屑瘤的重要措施之一。

三、切削力和切削功率

1. 切削力的构成与分解

刀具在切削工件时必须克服材料的变形抗力,克服刀具与工件及刀具与切屑之间的摩擦力,才能切下切屑。这些刀具切削时所需的力称为切削力,即刀具施加给工件的力。

在切削过程中,切削力使工艺系统(机床-工件-刀具)变形,影响加工精度。切削力还直接影响切削热的产生,并进一步影响刀具磨损和已加工表面质量。切削力是设计和使用机床、刀具、夹具的重要依据。

实际加工中,总切削力的方向和大小都不易直接测定,也没有直接测定它的必要。为了适应设计和工艺分析的需要,一般不是直接研究总切削力,而是研究它在一定方向上的分力。

以车削外圆为例,总切削力 F 一般常分解为以下三个互相垂直的分力(图 1-23)。

(1)切削力 F_c 总切削力 F 在主运动方向上的分力,大小一般占总切削力的 80% ~ 90%。F_c 消耗的功率最多,一般占总功率的 90% 以上,是计算机床动力、主传动系统零件和刀具强度及刚度的主要依据。当 F_c 过大时,可能使刀具损坏或使机床发生"闷车"现象。

(2)进给力 F_f 总切削力 F 在进给运动方向上的分力,是设计和校验进给机构所必需的数据。进给力也作功,但只占总功的 1% ~ 5%。

(3)背向力 F_p 总切削力 F 在垂直于工作平面方向上的分力。因为切削时这个方向上的运动速度为零,所以 F_p 不消耗功率。但它一般作用

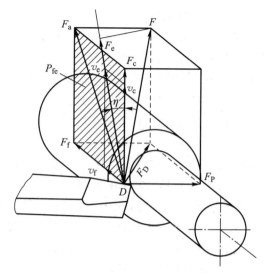

图 1-23   车削外圆时力的分解

在工件刚度较弱的方向上,容易使工件变形,甚至可能产生振动,影响工件的加工精度,因此,应当设法减小或消除 F_p 的影响。例如车削细长轴时,常采用主偏角 $\kappa_r = 90°$ 的车刀,就是为了减小背向力。

如图 1-23 所示,这三个切削分力与总切削力 F 有如下关系:

$$F = \sqrt{F_c^2 + F_f^2 + F_p^2}$$

2. 切削力的估算

切削力的大小是由很多因素决定的,如工件材料、切削用量、刀具角度、切削液和刀具材料等。一般情况下,对切削力影响比较大的是工件材料和切削用量。

切削力的大小可用经验公式来计算。经验公式是建立在实验基础上的,并综合了影响切削力的各个因素。例如车削外圆时,计算 F_c 的经验公式如下:

$$F_c = C_{F_c} \, a_p^{x_{F_c}} f^{y_{F_c}} K_{F_c} \qquad N$$

式中:C_{F_c}——与工件材料、刀具材料及切削条件等有关的系数;

$\quad a_p$——背吃刀量,mm;

$\quad f$——进给量,mm/r;

x_{F_c}、y_{F_c}——指数;

$\quad K_{F_c}$——切削条件不同时的修正系数。

经验公式中的系数和指数,可从有关资料(如切削用量手册等)中查出。例如,用 $\gamma_o = 15°$、$\kappa_r = 75°$ 的硬质合金车刀车削结构钢件外圆面时,$C_{F_c} = 1\,609$,$x_{F_c} = 1$,$y_{F_c} = 0.84$。指数 x_{F_c} 比 y_{F_c} 大,说明背吃刀量 a_p 对 F_c 的影响比进给量 f 对 F_c 的影响大。

生产中,常用切削层单位面积切削力 k_c 来估算切削力 F_c 的大小。因为 k_c 是切削力 F_c 与切削层公称横截面积 A_D 之比,所以

$$F_c = k_c A_D = k_c b_D h_D \approx k_c a_p f \qquad N$$

式中:k_c——切削层单位面积切削力,MPa(即 N/mm²);

b_D——切削层公称宽度,mm;

h_D——切削层公称厚度,mm。

k_c的数值可从有关资料中查出,表1-2摘选了几种常用材料的k_c值。若已知实际的背吃刀量a_p和进给量f,便可利用上式估算出切削力F_c。

表1-2 几种常用材料的k_c值

材 料	牌 号	制造、热处理状态	硬度/HBW	k_c/MPa
结构钢	45(40Cr)	热轧或正火	187(212)	1 962
		调 质	229(285)	2 305
灰铸铁	HT200	退 火	170	1 118
铅黄铜	HPb59-1	热 轧	78	736
硬铝合金	2A12(LY12)[①]	淬火及时效	107	834

注:① 括号内为曾用牌号。

3. 切削功率

切削功率P_m本应是三个切削分力消耗功率的总和,但背向力F_p消耗的功率为零,进给力F_f消耗的功率很小,一般可忽略不计,因此,切削功率P_m可用下式计算:

$$P_m = 10^{-3} F_c v_c \qquad kW$$

式中:F_c——切削力,N;

v_c——切削速度,m/s。

机床电动机的功率P_E可用下式计算:

$$P_E = P_m / \eta \qquad kW$$

式中η为机床传动效率,一般取0.75~0.85。

四、切削热和切削温度

1. 切削热的产生、传出及对加工的影响

在切削过程中,由于绝大部分的切削功都转变成热量,所以有大量的热产生,这些热称为切削热。切削热的主要来源有以下三种(图1-24):

(1)切屑变形所产生的热量,它是切削热的主要来源;

(2)切屑与刀具前面之间的摩擦所产生的热量;

(3)工件与刀具后面之间的摩擦所产生的热量。

随着刀具材料、工件材料、切削条件的不同,三个热源的发热量亦不相同。

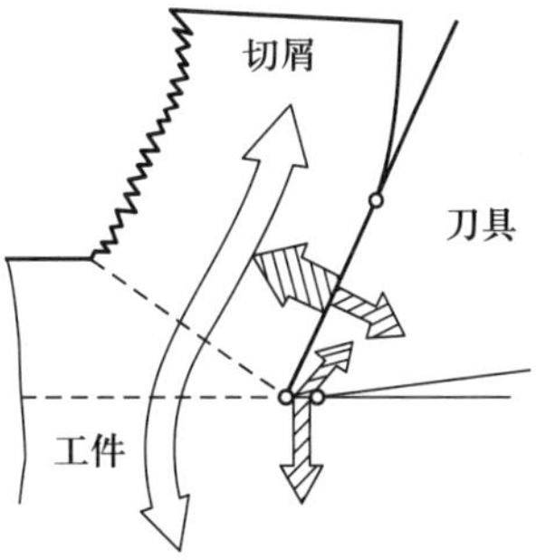

切削热产生以后,由切屑、工件、刀具及周围的介质(如空气)传出。各部分传出热的比例取决于工件材料、切削速度、刀具材料及刀具几何形状等。实验结果表明,车削时的切削热主要是由切屑传出的。

图1-24 切削热的来源

用高速钢车刀及与之相适应的切削速度切削钢料时,切削热传出的比例是:切屑传出的热一

般为 50%~86%；工件传出的热一般为 40%~10%；刀具传出的热一般为 9%~3%；周围介质传出的热一般为 1%。

传入切屑及周围介质中的热量越多，对加工越有利。

传入刀具的热量虽然不是很多，但由于刀具切削部分体积很小，因此该热量使刀具的温度可达到很高（高速切削时可达到 1 000 ℃以上）。温度升高会加速刀具的磨损。

传入工件的热量可能使工件变形，产生形状和尺寸误差。

在切削加工中，如何设法减少切削热的产生、改善散热条件以及减少高温对刀具和工件的不良影响，有着重大的意义。

2. 切削温度及其影响因素

切削温度一般是指切削区的平均温度。切削温度的高低，除了用仪器进行测定外，还可以通过观察切屑的颜色大致估计出来。例如切削碳钢时，随着切削温度的升高，切屑的颜色也发生相应变化：淡黄色切屑温度约 200 ℃，蓝色切屑温度约 320 ℃。

切削温度的高低取决于切削热的产生和传出情况，它受切削用量、工件材料、刀具材料及几何形状等因素的影响。

切削速度提高时，单位时间产生的切削热随之增加，对切削温度的影响最大。进给量和背吃刀量增加时，切削力增大，摩擦也增大，所以切削热会增加。但是在切削面积相同的条件下，增加进给量与增加背吃刀量相比，后者可使切削温度低些。原因是当增加背吃刀量时，切削刃参加切削的长度随之增加，这将有利于热的传出。

工件材料的强度及硬度愈高，切削中消耗的功愈大，产生的切削热愈多。切削钢时发热多，切削铸铁时发热少，因为钢在切削时产生塑性变形所需的功大。

导热性好的工件材料和刀具材料可以降低切削温度。刀具主偏角减小时，切削刃参加切削的长度增加，传热条件好，可降低切削温度。刀具前角的大小直接影响切削过程中的变形和摩擦，前角大时产生的切削热少，切削温度低。但当刀具前角过大时，会使刀具的传热条件变差，反而不利于切削温度的降低。

五、刀具磨损和刀具耐用度

一把刀具使用一段时间以后，它的切削刃变钝，以致无法再使用。对于可重磨刀具，经过重新刃磨以后，切削刃恢复锋利，仍可继续使用。这样经过使用—磨钝—刃磨锋利若干个循环以后，刀具的切削部分便无法继续使用而完全报废。刀具从开始切削到完全报废，实际切削时间的总和称为刀具寿命。

1. 刀具磨损的形式与过程

刀具正常磨损时，按其发生的部位不同磨损可分为三种形式，即后面磨损、前面磨损、前面与后面同时磨损（见图 1-25，图中 VB 代表后面磨损尺寸，KT 代表前面磨损尺寸）。

刀具的磨损过程如图 1-26 所示，可分为以下三个阶段。

第一阶段（OA 段）称为初期磨损阶段；第二阶段（AB 段）称为正常磨损阶段；第三阶段（BC 段）称为急剧磨损阶段。

经验表明，在刀具正常磨损阶段的后期、急剧磨损阶段之前，换刀重磨最好。这样既可保证加工质量又能充分利用刀具材料。

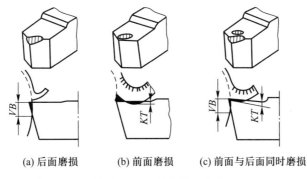

(a) 后面磨损　　　(b) 前面磨损　　　(c) 前面与后面同时磨损

图 1-25　刀具磨损的形式

2. 影响刀具磨损的因素

如前所述,增大切削用量时切削温度随之增高,将加速刀具磨损。在切削用量中,切削速度对刀具磨损的影响最大。

此外,刀具材料、刀具几何形状、工件材料以及是否使用切削液等,也都会影响刀具的磨损。比如,耐热性好的刀具材料就不易磨损;适当加大刀具前角,由于减小了切削力,可减少刀具的磨损。

3. 刀具耐用度①

通常用刀具后面的磨损程度作刀具磨损限度的标准。但是,

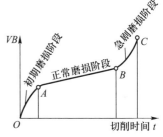

图 1-26　刀具磨损过程

生产中不可能用经常测量后面磨损的方法来判断刀具是否已经达到容许的磨损限度,而经常是按刀具进行切削的时间来判断。刃磨后的刀具自开始切削直到磨损量达到磨钝标准所经历的实际切削时间,称为刀具使用寿命,工程中亦称为刀具耐用度,以 T 表示。

粗加工时,多以切削时间(min)表示刀具耐用度。例如,目前硬质合金焊接车刀的耐用度大致为 60 min,高速钢钻头的耐用度为 80~120 min,硬质合金端铣刀的耐用度为 120~180 min,齿轮刀具的耐用度为 200~300 min。

精加工时,常以走刀次数或加工零件个数表示刀具耐用度。

第四节　切削加工技术经济简析

技术与经济是社会进行物质生产不可缺少的两个方面。它们虽然是两个不同的范畴,但在实际生产中它们是密切联系、互相制约和互相促进的。经济的需要是技术进步的动力和方向,而技术进步又是推动经济发展的重要条件和手段。因此,在研究某个技术方案时,不仅要从技术上评价它的效果,而且还要从经济上评价它的效果,也就是要求尽量做到既在技术上先进,又在经济上合理。

评价不同切削加工方案的技术经济效果时,首先应确定评价依据和标准,也就是要利用一系列的技术经济指标。

---

① 该定义引自机械工业出版社 1997 年 7 月出版的《机械工程手册》卷 8——机械制造工艺及设备(二)。虽不符合现行名词术语标准,但编者认为该定义仍较为合适。

一、切削加工主要技术经济指标

某切削加工方案的技术经济效果可用下式概括地描述：

$$E = \frac{V}{C}$$

式中：E——技术经济效果；

　　V——输出的使用价值，也称效益；

　　C——输入的劳动耗费。

劳动耗费是指生产过程中消耗与占用的劳动量、材料、动力、工具和设备等，这些往往以货币的形式表示，称为费用消耗。

使用价值是指生产活动创造出来的劳动成果，包括质量和数量两个方面。

人们在技术发展和生产活动中，都要力争取得最好的技术经济效果，即要尽量做到使用价值一定时劳动耗费最小，或劳动耗费一定时使用价值最大。

全面地分析技术经济指标体系是一个较为复杂的问题，需要时可查阅技术经济分析有关资料。下面仅简要介绍切削加工的几个主要技术经济指标，即产品质量、生产率和经济性。

1. 产品质量

零件经切削加工后的质量包括精度和表面质量。

（1）精度　是指零件在加工之后，其尺寸、形状等参数的实际数值同绝对准确的理论参数相符合的程度，符合程度越高亦即偏差（加工误差）越小，则加工精度越高。零件的精度包括尺寸精度、形状精度、位置精度等。

1）尺寸精度　指的是零件表面本身的尺寸精度（如圆柱面的直径）和零件表面间的尺寸精度（如孔间距离等）。零件尺寸精度的高低用尺寸公差大小来表示。

国家标准 GB/T 1800.1—2020 规定，标准公差等级分 IT1～IT18，IT 表示标准公差，后面的数字越大表示零件的精度越低。IT1～IT13 用于配合尺寸，其余用于非配合尺寸。

2）形状精度　指的是零件表面与理想表面之间在形状上接近的程度，如圆柱面的圆柱度、圆度，平面的平面度等。

3）位置精度　指的是表面、轴线或对称平面之间的实际位置与理想位置接近的程度，如两圆柱面间的同轴度、两平面间的平行度或垂直度等。

应当指出，由于在加工过程中有各种因素影响加工精度，即使是同一加工方法，在不同的条件下所能达到的加工精度也不同。甚至在相同的条件下采用同一种加工方法，如果多费一些工时，细心地完成每一操作，也能提高加工精度。但这样做降低了生产率，增加了生产成本，因而是不经济的。所以，通常所说的某加工方法所达到的加工精度，是指在正常操作情况下所达到的加工精度，称为经济精度。

设计零件时，首先应根据零件尺寸的重要性来决定选用哪一级加工精度，其次还应考虑本厂的设备条件和加工费用。总之，选择加工精度的原则是在保证能达到技术要求的前提下，选用较低的精度等级。

（2）表面质量　包括零件的表面结构、表面加工硬化的程度和深度、表面残余应力的性质和大小。

1）零件的表面结构 主要是指零件表面的微观几何特性，它是因获得表面的工艺所形成的。无论用何种方法加工，零件表面总会留下微观的凹凸不平的刀痕，出现交错起伏的峰谷现象，粗加工后的表面用眼睛就能看到这种表面结构，精加工后的表面用放大镜或显微镜也能观察到这种表面结构。

零件的表面结构与零件的配合性质、耐磨性和抗腐蚀性等有着密切的关系，它影响机器或仪器的使用性能和寿命。为了保证零件的使用性能和寿命，要规定对零件表面结构的要求。国家标准 GB/T 1031—2009 中规定用零件的表面轮廓参数来评定零件的表面结构，并规定了三种类型的表面轮廓，即 R 轮廓（粗糙度轮廓）、W 轮廓（波纹度轮廓）和 P 轮廓（原始度轮廓）。常用的是 R 轮廓，其主要幅度参数有两个。一个是最大高度 Rz，就是在一定的取样长度内，最大轮廓峰高与最大峰谷高度之和；另一个是评定轮廓的算术平均偏差 Ra，即在一定的取样长度内，峰高和峰谷高度绝对值的算术平均值，也就是常说的表面粗糙度值。

国家标准还规定了表面粗糙度 Ra 值的具体级别（表1-3），设计时，要根据零件的要求按级别选用 Ra 值。

表1-3 表面粗糙度 Ra 值的级别

$Ra/\mu m \leqslant$	100	50	25	12.5	6.3	3.2	1.6	0.8	0.4	0.2	0.1	0.05	0.025	0.012

一般情况下，零件表面的尺寸精度要求越高，其形状和位置精度要求越高，表面粗糙度的值越小。但有些零件的表面只是出于外观或清洁的考虑要求其光亮，而其精度不一定要求高，例如机床手柄、面板等。

2）已加工表面的加工硬化和残余应力 在切削过程中，由于刀具前面的推挤以及后面的挤压与摩擦作用，工件已加工表面层的晶粒发生很大的变形，致使其硬度比原来工件材料的硬度显著提高，这种现象称为加工硬化。切削加工所造成的加工硬化常常伴随着表面裂纹，因而降低了零件的疲劳强度和耐磨性。另一方面，加工硬化层的存在加速了后续加工中刀具的磨损。

经切削加工的表面，由于切削时力和热的作用，在一定深度的表层金属里常常存在残余应力和裂纹，这会影响零件表面的质量和使用性能。若各部分的残余应力分布不均匀，还会使零件发生变形，影响零件的尺寸和形状位置精度，这对刚度比较差的细长或扁薄零件影响更大。

因此，对于重要的零件，除限制其表面粗糙度外，还要控制其表层加工硬化的程度和深度，以及表层残余应力的性质（拉应力还是压应力）和大小。而对于一般零件，则主要规定其表面粗糙度的数值范围。

2. 生产率

切削加工中，常以单位时间内生产的零件数量来表示生产率，即

$$R_0 = \frac{1}{t_w}$$

式中：R_0——生产率；

t_w——生产1个零件所需的总时间。

在机床上加工1个零件，所用的总时间包括三个部分，即

$$t_w = t_m + t_c + t_o$$

式中：t_m——基本工艺时间，亦即加工1个零件所需的总切削时间，也称为机动时间。

t_c——辅助时间,亦即除切削时间之外,与加工直接有关的时间。它是工人为了完成切削加工而消耗于各种操作上的时间,例如调整机床、空移刀具、装卸或刃磨刀具、安装和找正工件、检验等时间。

t_o——其他时间,亦即除切削时间之外,与加工没有直接关系的时间,包括擦拭机床、清扫切屑及其他必要时间等。

所以,生产率又可表示为

$$R_0 = \frac{1}{t_m + t_c + t_o}$$

由上式可知,要提高切削加工的生产率,实际就是要设法减少零件加工的基本工艺时间、辅助时间及其他时间。

以车削外圆为例(图1-27),基本工艺时间可用下式计算:

$$t_m = \frac{lh}{nfa_p} = \frac{\pi d_w lh}{1\,000 v_c fa_p}$$

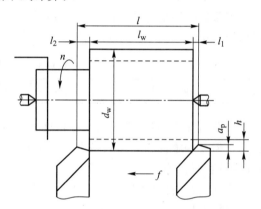

图 1-27 车削外圆时基本工艺时间的计算

式中:l——车刀行程长度,mm,并有 $l = l_w$(被加工外圆面长度)$+ l_1$(切入长度)$+ l_2$(切出长度);

d_w——工件待加工表面直径,mm;

h——外圆面加工余量之半,mm;

v_c——切削速度,m/s;

f——进给量,mm/r;

a_p——背吃刀量,mm;

n——工件转速,r/s。

综合上述分析,提高生产率的主要途径如下:

1)在可能的条件下,采用先进的毛坯制造工艺和方法,减小加工余量;

2)合理选择切削用量,粗加工时可采用强力切削(f 和 a_p 较大),精加工时可采用高速切削;

3)在可能的条件下,采用先进的和自动化程度较高的工具、夹具、量具;

4)在可能的条件下,采用先进的机床设备及自动化控制系统,例如在大批大量生产中采用自动机床,多品种、小批生产中采用数控机床、计算机辅助制造等。

3. 经济性

在制订切削加工方案时,应在保证产品的使用要求的前提下使制造成本最低。产品的制造成本是指制造过程中费用消耗的总和,它包括毛坯或原材料费用、工人工资、机床设备的折旧和调整费用、工夹量具的折旧和修理费用、车间经费和企业管理费用等。若将毛坯成本除外,每个零件切削加工的费用可用下式计算:

$$C_w = t_w M + \frac{t_m}{T} C_t = (t_m + t_c + t_o) M + \frac{t_m}{T} C_t$$

式中:C_w——每个零件切削加工的费用;

M——单位时间内的全厂开支,包括工人工资、设备和工具的折旧及管理费用等;

T——刀具耐用度;

C_t——刀具刃磨一次的费用。

由上式可知,零件切削加工的成本包括工时成本和刀具成本两部分,并且受基本工艺时间、辅助时间、其他时间及刀具耐用度的影响。若要降低零件切削加工的成本,除节约全厂开支、降低刀具成本外,还要设法减少 t_m、t_c 和 t_o,并保证一定的刀具耐用度 T。

切削加工最优的技术经济效果,是指在可能的条件下,以最低的成本高效率地加工出质量合格的零件。要达到这一目标,涉及的问题比较多,也很复杂,本节仅讨论几个与金属切削过程有密切关系的问题——切削用量、切削液和材料的切削加工性等。

＊＊二、切削用量的合理选择[①]

合理选择切削用量,对于保证加工质量、提高生产率和降低加工成本有着重要的影响。在机床、刀具和工件等条件一定的情况下,切削用量的选择具有较大的灵活性。为了取得最大的技术经济效益,应当根据具体的加工条件确定切削用量三要素(a_p、f、v_c)合理的组合。

1. 选择切削用量的一般原则

为了合理选择切削用量,首先要了解切削用量对切削加工的影响。

(1)对加工质量的影响　切削用量三要素中,背吃刀量和进给量增大,都会使切削力和工件变形增大,并可能引起振动,降低加工精度和增大表面粗糙度 Ra 值。进给量增大还会使加工表面残留面积的高度显著增大(图1-28),使表面更加粗糙。切削速度增大时切削力减小,并可减小或避免积屑瘤,有利于加工质量的提高。

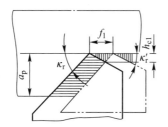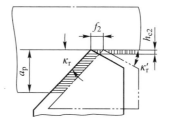

图1-28　进给量对加工表面残留面积的影响

(2)对生产率的影响　由前面计算基本工艺时间的公式可知,切削用量三要素 v_c、f 和 a_p 对 t_m 的影响是相同的,但它们对辅助时间的影响却大不相同。用实验的方法可以求出刀具耐用度与切削用量之间关系的经验公式。例如,用硬质合金车刀车削中碳钢时

$$T = \frac{C_T}{v_c^5 f^{2.25} a_p^{0.75}} \quad (\text{当} f > 0.75 \text{ mm/r 时})$$

式中 C_T 为系数。由上式可知,在切削用量中,切削速度对刀具耐用度的影响最大,进给量次之,背吃刀量的影响最小。也就是说,当提高切削速度时刀具耐用度降低的程度,比增大同样倍数的进给量或背吃刀量时刀具耐用度降低的程度大得多。由于刀具耐用度降低,势必增加换刀或磨刀的次数,增加辅助时间,从而降低生产率。

综上所述,粗加工时,从提高生产率的角度出发,一般取较大的背吃刀量和进给量,切削速度

---

①　带"＊＊"号部分是在本课程教学基本要求的基础上适当拓宽的内容。下同。

并不太高。精加工时,主要考虑加工质量,常选用较小的背吃刀量和进给量、较高的切削速度,只有在受到刀具等工艺条件限制,不宜采用高速切削时,才选用较低的切削速度。例如,用高速钢铰刀铰孔时,切削速度受刀具材料耐热性的限制,并为了减小积屑瘤的影响,通常采用较低的切削速度。

2. 切削用量的选择

综合切削用量三要素对刀具耐用度、生产率和加工质量的影响,选择切削用量的顺序应为:首先选尽可能大的背吃刀量 a_p,其次选尽可能大的进给量 f,最后选尽可能大的切削速度 v_c。

(1)背吃刀量的选择　背吃刀量要尽可能选得大些,不论是粗加工还是精加工,最好一次走刀能把该工序的加工余量切完,例如车削外圆面时使 $a_p = h$。若因加工余量太大,一次走刀切除会使切削力太大,机床功率不足,刀具强度不够或产生振动,则可将加工余量分为两次或多次切完。这时也应将第一次走刀的背吃刀量取得尽量大些,其后的背吃刀量取得相对小些。

(2)进给量的选择　粗加工时,一般对工件已加工表面质量的要求不太高,进给量主要受机床、刀具和工件所能承受的切削力的限制。这是因为,当选定背吃刀量后,进给量的数值将直接影响切削力的大小。而精加工时,一般背吃刀量较小,切削力不大,限制进给量的因素主要是工件的表面粗糙度。

实际生产中,可利用切削用量等相关资料查出进给量的数值,其部分内容摘列于表1-4和表1-5。

表1-4　硬质合金车刀粗车外圆和端面时进给量的参考值

工件材料	车刀刀柄尺寸 B/mm×H/mm	工件直径 d_w/mm	背吃刀量 a_p/mm				
			≤3	>3~5	>5~8	>8~12	>12
			进给量 f/(mm/r)				
碳素结构钢、合金结构钢及耐热钢	16×25	20	0.3~0.4	—	—	—	—
		40	0.4~0.5	0.3~0.4	—	—	—
		60	0.5~0.7	0.4~0.6	0.3~0.5	—	—
		100	0.6~0.9	0.5~0.7	0.5~0.6	0.4~0.5	—
		400	0.8~1.2	0.7~1.0	0.6~0.8	0.5~0.6	—
	20×30 25×25	20	0.3~0.4	—	—	—	—
		40	0.4~0.5	0.3~0.4	—	—	—
		60	0.6~0.7	0.5~0.7	0.4~0.6	—	—
		100	0.8~1.0	0.7~0.9	0.5~0.7	0.4~0.7	—
		600	1.2~1.4	1.0~1.2	0.8~1.0	0.6~0.9	0.4~0.6
灰铸铁及铜合金	16×25	40	0.4~0.5	—	—	—	—
		60	0.6~0.8	0.5~0.8	0.4~0.6	—	—
		100	0.8~1.2	0.7~1.0	0.6~0.8	0.5~0.7	—
		400	1.0~1.4	1.0~1.2	0.8~1.0	0.6~0.8	—
	20×30 25×25	40	0.4~0.5	—	—	—	—
		60	0.6~0.9	0.5~0.8	0.4~0.7	—	—
		100	0.9~1.3	0.8~1.2	0.7~1.0	0.5~0.8	—
		600	1.2~1.8	1.2~1.6	1.0~1.3	0.9~1.1	0.7~0.9

表 1-5　按表面粗糙度选择进给量的参考值

工件材料	表面粗糙度 $Ra/\mu m$	切削速度范围 $v_c/(m/min)$	刀尖圆弧半径 r_ε/mm		
			0.5	1.0	2.0
			进给量 $f/(mm/r)$		
灰铸铁、青铜、铝合金	6.3	不　限	0.25 ~ 0.40	0.40 ~ 0.50	0.50 ~ 0.60
	3.2		0.15 ~ 0.25	0.25 ~ 0.40	0.40 ~ 0.60
	1.6		0.10 ~ 0.15	0.15 ~ 0.20	0.20 ~ 0.35
碳钢及合金钢	6.3	<50	0.30 ~ 0.50	0.45 ~ 0.60	0.55 ~ 0.70
		>50	0.40 ~ 0.55	0.55 ~ 0.65	0.65 ~ 0.70
	3.2	<50	0.18 ~ 0.25	0.25 ~ 0.30	0.30 ~ 0.40
		>50	0.25 ~ 0.30	0.30 ~ 0.35	0.35 ~ 0.50
	1.6	<50	0.10	0.11 ~ 0.15	0.15 ~ 0.22
		50 ~ 100	0.11 ~ 0.16	0.16 ~ 0.25	0.25 ~ 0.35
		>100	0.16 ~ 0.20	0.20 ~ 0.25	0.25 ~ 0.35

（3）切削速度的选择　在背吃刀量和进给量选定后，可根据合理的刀具耐用度，用计算法或查表法选择切削速度。粗加工时，由于切削力一般较大，切削速度主要受机床功率的限制。当依据刀具耐用度选定的切削速度使切削功率超过机床许用值时，应当降低切削速度。精加工时，切削力较小，切削速度主要受刀具耐用度的限制。

切削速度的具体数值，可从切削用量等相关资料中查出，其部分内容摘列于表 1-6。

表 1-6　硬质合金外圆车刀切削速度的参考值

工件材料	热处理状态或硬度	$a_p = 0.3 ~ 2\ mm$ $f = 0.08 ~ 0.3\ mm/r$	$a_p = 2 ~ 6\ mm$ $f = 0.3 ~ 0.6\ mm/r$	$a_p = 6 ~ 10\ mm$ $f = 0.6 ~ 1\ mm/r$
		$v_c/(m/min)$		
中碳钢	热　轧	130 ~ 160	90 ~ 110	60 ~ 80
	调　质	100 ~ 130	70 ~ 90	50 ~ 70
合金结构钢	热　轧	100 ~ 130	70 ~ 90	50 ~ 70
	调　质	80 ~ 110	50 ~ 70	40 ~ 60
灰铸铁	190 HBW 以下	90 ~ 120	60 ~ 80	50 ~ 70
	190 ~ 225 HBW	80 ~ 110	50 ~ 70	40 ~ 60
铜及铜合金		200 ~ 250	120 ~ 180	90 ~ 120
铝及铝合金		300 ~ 600	200 ~ 400	150 ~ 300

注：切削钢或铸铁时，刀具耐用度 T 一般为 60 ~ 90 min。

三、切削液的选用

用改变外界条件的方法来影响和改善切削过程，是提高产品质量和生产率的有效措施之一，其中应用最广泛的是合理选择和使用切削液。

1. 切削液的作用和种类

切削液主要通过冷却和润滑作用来改善切削过程。它一方面吸收并带走大量切削热,起到冷却作用;另一方面它能渗入刀具与工件和切屑的接触表面,形成润滑膜,有效减小摩擦。因此,合理选用切削液可以降低切削力和切削温度,提高刀具耐用度和加工质量。

常用的切削液有以下两大类:

(1)水基切削液 这类切削液比热容大,流动性好,主要起冷却作用,也有一定的润滑作用,如水溶液(肥皂水、苏打水等)、乳化液等。为了防止机床和工件生锈,水基切削液中常加入一定量的防锈剂。

(2)油基切削液 又称切削油,主要成分是矿物油,少数采用动、植物油或复合油。这类切削液比热容小,流动性差,主要起润滑作用,也有一定的冷却作用。

为了改善切削液的性能,除防锈剂外,还常在切削液中加入油性添加剂、极压添加剂、防霉添加剂、抗泡沫添加剂和乳化剂等(详细内容可查阅有关资料)。

2. 切削液的选择和使用

切削液的种类很多,性能各异,通常应根据加工性质、工件材料和刀具材料等来选择合适的切削液。

粗加工时,主要要求冷却,也希望降低切削力及切削功率,一般应选用冷却作用较好的切削液,如低浓度的乳化液等。精加工时,主要希望提高零件表面质量和减少刀具磨损,应选用润滑作用较好的切削液,如高浓度的乳化液或切削油等。

加工一般钢材时,通常选用乳化液或硫化切削油。加工铜合金和有色金属时,不宜采用含硫化切削油的切削液,以免腐蚀工件。加工铸铁、青铜、黄铜等脆性材料时,为了避免崩碎的切屑进入机床运动部件,一般不用切削液。但在低速精加工(如宽刀精刨、精铰等)中,为了提高零件的表面质量,可用煤油作为切削液。

高速钢刀具的耐热温度较低,为了提高刀具耐用度,应根据加工的性质和工件材料选用合适的切削液。硬质合金刀具由于耐热性和耐磨性较好,一般不用切削液。如果硬质合金刀具要用切削液,必须连续地、充分地供给切削液,切不可断断续续供给切削液,以免硬质合金刀片因骤冷骤热而开裂。

目前加注切削液的方法以浇注法(图1-29)最为普遍。在使用中应注意把切削液尽量注射到切削区,仅仅浇注到刀具上是不恰当的。为了提高切削液的使用效果,可以采用喷雾冷却法或内冷却法。

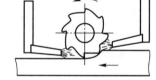

图1-29 切削液的浇注

四、材料切削加工性的改善

1. 材料切削加工性的概念和衡量指标

切削加工性是指材料被切削加工的难易程度,它具有一定的相对性,某种材料切削加工性的好坏往往是相对于另一种材料来说的。具体的加工条件和要求不同,材料加工的难易程度也有很大差异。因此,在不同的情况下要用不同的指标来衡量材料的切削加工性。常用的切削加工性指标主要有如下几个:

(1)一定刀具耐用度下的切削速度 v_T 即刀具耐用度为 $T(\min)$ 时切削某种材料所允许的

切削速度。v_T 越高,材料的切削加工性越好。若取 $T=60$ min,则 v_T 可写作 v_{60}。

（2）相对加工性 K_r 即各种材料的 v_{60} 与 45 钢（正火）的 v_{60} 之比值。由于把后者的 v_{60} 作为比较的基准,故写作 $(v_{60})_j$,于是

$$K_r = v_{60} / (v_{60})_j$$

常用材料的相对加工性可分为 8 级（表 1-7）。凡 $K_r>1$ 的材料,其切削加工性比 45 钢（正火）好,反之较差。

（3）已加工表面质量 凡较容易获得好的表面质量的材料,其切削加工性较好,反之则较差。精加工时,常以此为材料切削加工性的衡量指标。

（4）切屑控制或断屑的难易 凡切屑较容易控制或易于断屑的材料,其切削加工性较好,反之较差。在自动机床或自动线上加工时,常以此为材料切削加工性衡量指标。

（5）切削力 在相同的切削条件下,凡切削力较小的材料其切削加工性较好,反之较差。在粗加工中,当机床刚度或动力不足时,常以此为材料切削加工性衡量指标。

表 1-7 常用材料的相对加工性分级

加工性等级	名称及种类		相对加工性 K_r	代表性材料
1	很容易切削材料	一般有色金属	>3.0	5-5-5 铜铅合金,9-4 铝铜合金,铝镁合金
2	容易切削材料	易切削钢	2.5~3.0	15Cr 退火,$\sigma_b = 380 \sim 450$ MPa
				自动机钢,$\sigma_b = 400 \sim 500$ MPa
3		较易切削钢	1.6~2.5	30 钢正火,$\sigma_b = 450 \sim 560$ MPa
4	普通材料	一般钢及铸铁	1.0~1.6	45 钢、灰铸铁
5		稍难切削材料	0.65~1.0	2Cr13 调质,$\sigma_b = 850$ MPa
				85 钢,$\sigma_b = 900$ MPa
6	难切削材料	较难切削材料	0.5~0.65	45Cr 调质,$\sigma_b = 1\,050$ MPa
				65Mn 调质,$\sigma_b = 950 \sim 1\,000$ MPa
7		难切削材料	0.15~0.5	50CrV 调质,1Cr18Ni9Ti,某些钛合金
8		很难切削材料	<0.15	某些钛合金,铸造镍基高温合金

v_T 和 K_r 是最常用的切削加工性指标,对于不同的加工条件都能适用。

2. 改善材料切削加工性的主要途径

材料的使用要求经常与其切削加工性发生矛盾。加工部门应与设计部门和冶金部门密切配合,在保证零件使用性能的前提下,通过各种途径来改善材料的切削加工性。

直接影响材料切削加工性的主要因素是其物理、力学性能。若材料的强度和硬度高,则切削力大,切削温度高,刀具磨损快,切削加工性较差。若材料的塑性高,则不易获得好的表面质量,断屑困难,切削加工性较差。若材料的导热性差,切削热不易散失,切削温度高,其切削加工性也不好。

通过适当的热处理,可以改变材料的力学性能,从而达到改善其切削加工性的目的。例如对高碳钢进行球化退火可以降低其硬度,对低碳钢进行正火可以降低其塑性,都能够改善材料的切

削加工性。又如,铸铁件在切削加工前进行退火可降低表层硬度,特别是白口铸铁,在 950 ~ 1 000 ℃ 的温度下长时间退火,变成可锻铸铁,能使其切削加工较易进行。

还可以用其他辅助性的加工改变材料的力学性能,例如低碳钢经过冷拔可降低其塑性,也能改善其切削加工性。

还可以通过适当调整材料的化学成分来改善其切削加工性。例如,在钢中适当添加某些元素(如硫、铅等),可使其切削加工性得到显著改善,这样的钢称为"易切削钢"。需要说明的是,只有在满足零件对材料性能要求的前提下才能这样做。

复 习 题

1. 试说明下列加工方法的主运动和进给运动:1) 车端面;2) 在车床上钻孔;3) 在车床上镗孔;4) 在钻床上钻孔;5) 在镗床上镗孔;6) 在牛头刨床上刨平面;7) 在龙门刨床上刨平面;8) 在铣床上铣平面;9) 在平面磨床上磨平面;10) 在内圆磨床上磨孔。

2. 试说明车削的切削用量(包括名称、定义、代号和单位)。

3. 何谓切削层、切削层公称宽度、切削层公称横截面积和切削层公称厚度?

4. 对刀具材料的性能有哪些基本要求?

5. 高速钢和硬质合金在性能上的主要区别是什么?各适合制造何种刀具?

6. 简述车刀前角、后角、主偏角、副偏角和刃倾角的作用。

7. 机夹可转位式车刀有哪些优点?

8. 何谓积屑瘤?它是如何形成的?对切削加工有哪些影响?

9. 试分析车外圆时各切削分力的作用和影响。

10. 切削热对切削加工有什么影响?

11. 何谓刀具耐用度?粗加工、精加工时各以什么来表示刀具耐用度?

12. 何谓技术经济效果?切削加工的技术经济指标主要有哪几个?

**13. 简述选择切削用量的原则。

14. 切削液的主要作用是什么?常根据哪些主要因素选用切削液?

15. 何谓材料的切削加工性?其衡量指标主要有哪几个?各适用于何种场合?

思考和练习题

1-1 车外圆时,已知工件转速 $n = 320$ r/min,车刀进给速度 $v_f = 64$ mm/min,其他条件如图 1-30 所示,试求切削速度 v_c、进给量 f、背吃刀量 a_p、切削层公称横截面积 A_D、切削层公称宽度 b_D 和切削层公称厚度 h_D。

1-2 切削层公称横截面积与实际的切削面积有何区别?它们之间的差值对工件已加工表面有何影响?哪些因素影响其差值?

1-3 在一般情况下,K 类硬质合金适于加工铸铁件,P 类硬质合金适于加工钢件。但在粗加工铸钢件毛坯时,却要选用牌号为 K20 的硬质合金,为什么?

1-4 为什么不宜用碳素工具钢制造拉刀和齿轮刀具等复杂刀具?为什么目前常采用高速钢制造这类刀具,而较少采用硬质合金?

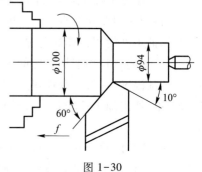

图 1-30

1-5 已知车刀下列主要角度,试画出它们切削部分的示意图:

1)外圆车刀:$\gamma_o = 10°$,$\alpha_o = 8°$,$\kappa_r = 60°$,$\kappa'_r = 10°$,$\lambda_s = 4°$;

2)端面车刀:$\gamma_o = -15°$,$\alpha_o = 10°$,$\kappa_r = 45°$,$\kappa'_r = 30°$,$\lambda_s = -5°$;

3)切断刀:$\gamma_o = 10°$,$\alpha_o = 6°$,$\kappa_r = 90°$,$\kappa'_r = 2°$,$\lambda_s = 0°$。

1-6 金属切削过程与用斧子劈木材有何不同?

1-7 如图 1-31 所示的两种切削工件的情况,其他加工条件相同,切削层公称横截面积近似相等,试问哪种情况下切削力较小?哪种情况下刀具磨损较慢?为什么?

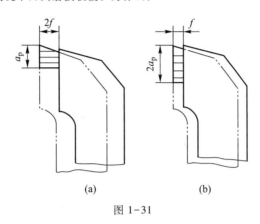

图 1-31

1-8 设用 $\gamma_o = 15°$,$\alpha_o = 8°$,$\kappa_r = 75°$,$\kappa'_r = 10°$,$\lambda_s = 0°$ 的硬质合金车刀,在 C6132 型卧式车床上车削 45 钢(正火,187 HBW)轴件的外圆面,切削用量为 $v_c = 100$ m/min、$f = 0.3$ mm/r、$a_p = 4$ mm,试用切削层单位面积切削力 k_c 计算切削力 F_c 和切削功率 P_m。若机床传动效率 $\eta = 0.75$,机床主电动机功率 $P_E = 4.5$ kW,试问电动机功率是否足够?

1-9 假设题 1-8 的其他条件不变,仅工件材料换成灰铸铁 HT200(退火,170 HBW)或铝合金 2A12(LY12)(淬火及时效,107 HBW),试计算这种情况下的切削力 F_c 和切削功率 P_m。它们与加工 45 钢时相比有何不同?为什么?

1-10 车外圆时,工件转速 $n = 360$ r/min,切削速度 $v_c = 150$ m/min,此时测得电动机功率 $P_E = 3$ kW。设机床传动效率 $\eta = 0.8$,试求工件直径 d_w 和切削力 F_c。

1-11 用什么来表示切削加工的生产率?试分析提高生产率的主要途径。

1-12 粗车 45 钢轴件外圆面,毛坯直径 $d_w = 86$ mm,粗车后直径 $d_m = 80$ mm,被加工外圆面长度 $l_w = 500$ mm,切入、切出长度 $l_1 = l_2 = 3$ mm,切削用量:$v_c = 120$ m/min,$f = 0.2$ mm/r,$a_p = 3$ mm,试求基本工艺时间 t_m。

1-13 试列举几个改善材料切削加工性的实际例子。

第二章 金属切削机床的基本知识

金属切削机床是对金属工件进行切削加工的机器。由于它是用来制造机器的,也是唯一能制造机床自身的机器,故又称为"工作母机",习惯上简称为机床。

机床是机械制造业的基本加工装备,它的品种、性能、质量和技术水平直接影响其他机电产品的性能、质量、生产技术和企业的经济效益。机械工业为国民经济各部门提供技术装备的能力和水平在很大程度上取决于机床的水平,所以机床属于基础机械装备。

实际生产中需要加工的工件种类繁多,其形状、结构、尺寸、精度、表面质量和数量等各不相同。为了满足不同加工的需要,机床的品种和规格也多种多样。尽管机床的品种很多,各有特点,但它们在结构、传动及自动化等方面有许多类似之处,也有共同的原理及规律。

第一节 切削机床的类型和基本构造

一、切削机床的类型

切削机床(以下简称机床)种类繁多,为了便于设计、制造、使用和管理,需要进行适当的分类。

按加工方式、加工对象或主要用途切削机床分为 11 大类,即车床、钻床、镗床、磨床、齿轮加工机床、螺纹加工机床、铣床、刨插床、拉床、锯床和其他机床等。在每一类机床中,又按工艺范围、布局形式和结构分为若干组,每一组又细分为若干系列。国家制订的机床型号编制方法就依据此分类方法。

按加工工件大小和机床质量,机床可分为仪表机床、中小型机床、大型机床($10\sim30$ t)、重型机床($30\sim100$ t)和超重型机床(100 t 以上)。

按通用程度,机床可分为通用机床、专门化机床和专用机床。

按加工精度(指相对精度),机床可分为普通精度级机床、精密级机床和高精度级机床。

随着机床的发展,其分类方法也在不断发展。因为现代机床正在向数控化方向转变,所以机床常被分为数控机床和非数控机床(传统机床)。数控机床的功能日趋多样化,工序更加集中。例如数控车床在卧式车床的基础上,集中了转塔车床、仿形车床、自动车床等多种车床的功能;车削加工中心在数控车床功能的基础上,又加入了钻床、铣床、镗床等类机床的功能。

还有其他一些机床分类方法,不再一一列举。

为了简明地表示出机床的名称、主要规格和特性,以便对机床有一个清晰的概念,需要对每种机床赋予一定的型号。关于我国机床型号现行的编制方法,可参阅国家标准 GB/T 15375—2008《金属切削机床 型号编制方法》。需要说明的是,对于已经定型,并按过去机床型号编制方法确定型号的机床,其型号不改变,故有些机床仍用原型号。

二、切削机床的基本构造

在各类切削机床中,车床、钻床、刨床类机床、铣床和磨床是五种最基本的机床,图 2-1~图 2-5 分别为这五种机床的外形图。

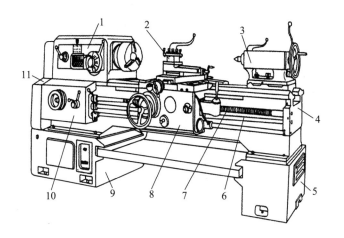

(a) 卧式车床

1—主轴箱;2—刀架;3—尾架;4—床身;5、9—床腿;
6—光杠;7—丝杠;8—溜板箱;10—进给箱;11—挂轮架

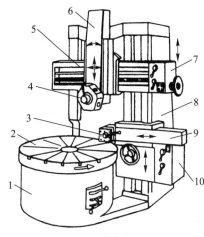

(b) 立式车床

1—底座(主轴箱);2—工作台;3—方刀架;4—转塔;
5—横梁;6—垂直刀架;7—垂直刀架进给箱;8—立柱;
9—侧刀架;10—侧刀架进给箱

图 2-1　车床

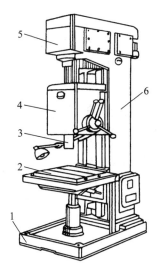

(a) 立式钻床

1—底座;2—工作台;3—主轴;
4—进给箱;5—变速箱;6—立柱

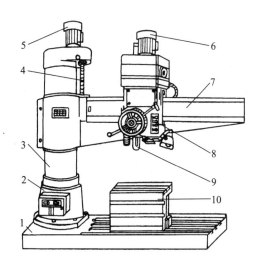

(b) 摇臂钻床

1—底座;2—外立柱;3—内立柱;4—丝杠;
5、6—电动机;7—摇臂;8—主轴箱;9—主轴;10—工作台

图 2-2　钻床

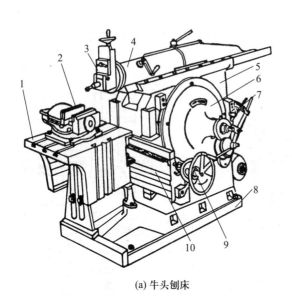

(a) 牛头刨床

1—工作台；2—平口虎钳；3—刀架；4—滑枕；
5—床身；6—摆杆机构；7—变速机构；8—底座；
9—进刀机构；10—横梁

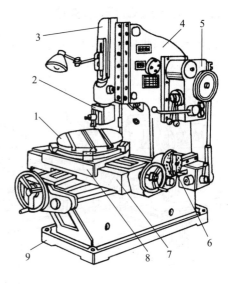

(b) 插床

1—圆形工作台；2—刀架；3—滑枕；4—立柱；
5—变速机构；6—分度盘；7—下滑座；
8—上滑座；9—底座

图 2-3 刨床类机床

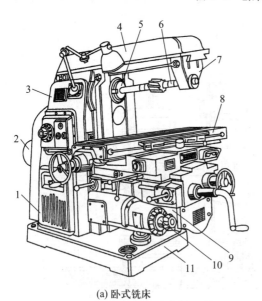

(a) 卧式铣床

1—床身；2—主电动机；3—主轴箱；4—横梁；
5—主轴；6—铣刀心轴；7—刀杆支架；8—工作台；
9—垂直升降台；10—进给箱；11—底座

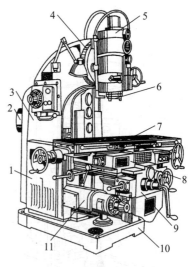

(b) 立式铣床

1—床身；2—主电动机；3—主轴箱；
4—主轴头架旋转刻度盘；5—主轴头；
6—主轴；7—工作台；8—横向滑座；
9—垂直升降台；10—底座；11—进给箱

图 2-4 铣床

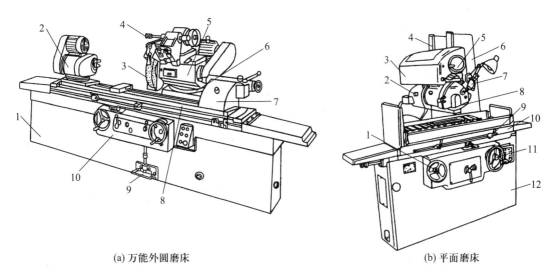

(a) 万能外圆磨床　　　　　　　　　　　　　(b) 平面磨床

1—床身；2—头架；3、4—砂轮；5—磨头；6—滑鞍；　　　1—工作台纵向进给手轮；2—磨头；3—拖板；4—导轨；

7—尾架；8—工作台；9—脚踏操纵板；10—液压控制箱　　　5—横向进给手轮；6—立柱；7—砂轮修整器；8—砂轮；

9—行程挡块；10—工作台；11—垂直进给手轮；12—床身

图 2-5　磨床

如图 2-1~图 2-5 所示，尽管这些机床的外形、布局和构造各不相同，但归纳起来，它们都是由如下几个主要部分组成的：

（1）主传动部件　用来实现机床的主运动，例如车床、摇臂钻床、铣床的主轴箱，立式钻床、刨床的变速箱和磨床的磨头等。

（2）进给传动部件　主要用来实现机床的进给运动，也用来实现机床的调整、退刀及快速运动等，例如车床的进给箱、溜板箱，钻床、铣床的进给箱，刨床的进给机构，磨床的液压传动装置等。

（3）工件安装装置　用来安装工件，例如卧式车床的卡盘和尾架，钻床、刨床、铣床和平面磨床的工作台等。

（4）刀具安装装置　用来安装刀具，例如车床、刨床的刀架，钻床、立式铣床的主轴，卧式铣床的刀轴，磨床磨头的砂轮轴等。

（5）支承件　用来支承和连接机床的各零部件，是机床的基础构件，例如各类机床的床身、立柱、底座、横梁等。

（6）动力源　为机床运动提供动力，是执行件的运动来源。普通机床通常都采用三相异步电动机作动力源，不需要对电动机进行调整，可连续工作。数控机床采用直流或交流调速电动机、伺服电动机和步进电动机等，可以直接对电动机进行调速，可频繁启动。

其他类型机床的基本构造与上述机床类似，可以看成它们的演变和发展。

第二节　机床的传动

机床的传动有机械、液压、气动、电气等多种传动形式。这里主要介绍机械传动和液压传动。

一、机床的机械传动

1. 机床上常用的传动副

用来传递运动和动力的装置称为传动副,机床上常用的传动副有带传动、齿轮传动、蜗杆传动、齿轮齿条传动、螺杆传动等。传动链是指实现从首端件向末端件传递运动的一系列传动件的总和,它是由若干传动副按照一定规则依次组合起来的。为了便于分析传动链中的传动关系,可以把各传动件进行简化,用规定的一些简图符号(表2-1)来组成传动系统(传动链)图,如图2-6所示。传动链也可以用传动结构式来表示,其基本形式为

表 2-1　常用传动件的简图符号

名　称	图　形	符　号	名　称	图　形	符　号
轴			滑动轴承		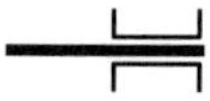
滚动轴承			止推轴承		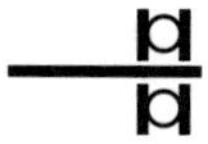
双向摩擦离合器		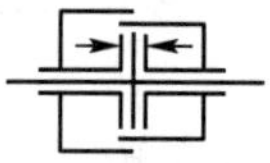	双向滑动齿轮		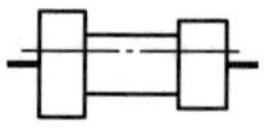
螺杆传动(整体螺母)	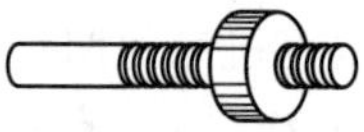		螺杆传动(开合螺母)	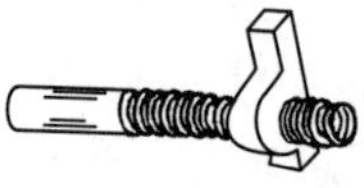	
平带传动		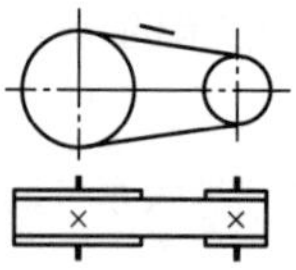	V带传动		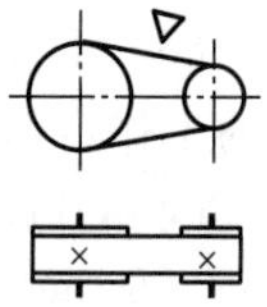
齿轮传动		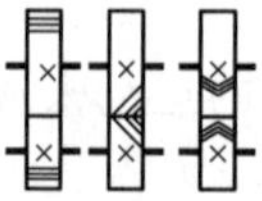	蜗杆传动	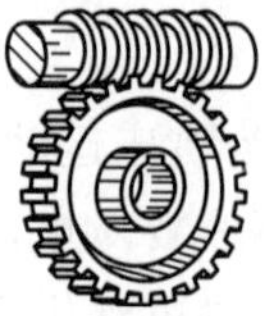	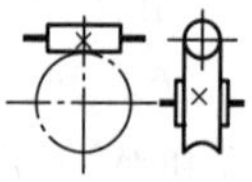
齿轮齿条传动		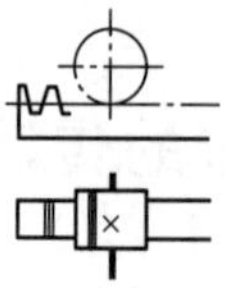	锥齿轮传动	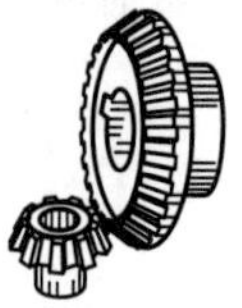	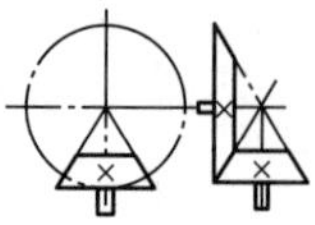

$$-\ \text{I} -\begin{Bmatrix} i_1 \\ i_2 \\ \vdots \\ i_m \end{Bmatrix}- \text{II} -\begin{Bmatrix} i_{m+1} \\ i_{m+2} \\ \vdots \\ i_n \end{Bmatrix}- \text{III} -\cdots$$

式中:罗马数字Ⅰ、Ⅱ、Ⅲ、…表示传动轴,通常从首端件开始按运动传递顺序依次编写;i_1、i_2、…、i_m、i_{m+1}、i_{m+2}、…、i_n 表示传动链中可能出现的传动比。

如图 2-6 所示,运动自轴Ⅰ输入,转速为 n_1,经带轮 d_1、传动带和带轮 d_2 传至轴Ⅱ。再经圆柱齿轮 1、2 传到轴Ⅲ,经锥齿轮 3、4 传到轴Ⅳ,经圆柱齿轮 5、6 传到轴Ⅴ,最后经蜗杆 k 及蜗轮 7 传至轴Ⅵ,并把运动输出。

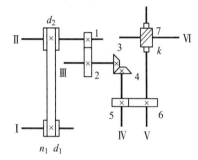

若已知 n_1、d_1、d_2、z_1、z_2、z_3、z_4、z_5、z_6、k 及 z_7 的具体数值,则可确定传动链中任何一轴的转速。例如,求轴Ⅵ的转速 $n_{\text{Ⅵ}}$,可按下式计算:

$$n_{\text{Ⅵ}} = n_1 i_{\text{总}} = n_1 i_1 i_2 i_3 i_4 i_5$$
$$= n_1 \frac{d_1}{d_2} \varepsilon \frac{z_1}{z_2} \frac{z_3}{z_4} \frac{z_5}{z_6} \frac{k}{z_7}$$

图 2-6 传动链图

式中:$i_1 \sim i_5$——传动链中相应传动副的传动比;

$\quad i_{\text{总}}$——传动链的总传动比,$i_{\text{总}} = i_1 i_2 i_3 i_4 i_5$,即传动链的总传动比等于传动链中各传动副传动比的乘积;

$\quad \varepsilon$——系数。

2. 卧式车床传动简介

图 2-7 为 C616 型(相当于新编型号 C6132)卧式车床的传动系统图,它用规定的简图符号

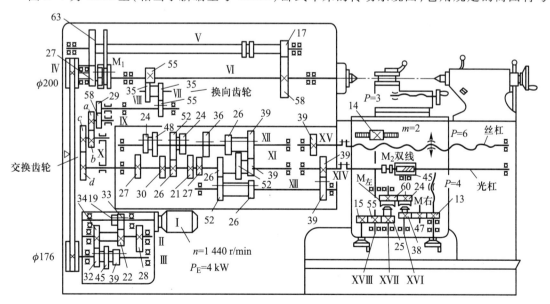

图 2-7 C616(C6132)车床传动系统图

表示整个机床的传动链。图中各传动件按照运动传递的先后顺序,以展开图的形式画出来。传动系统图只能表示传动关系,而不能代表各传动件的实际尺寸和空间位置。图中罗马数字表示传动轴的编号,阿拉伯数字表示齿轮齿数或带轮直径,字母 M 表示离合器。

（1）主运动传动链

$$\text{电动机} - \text{I} \begin{Bmatrix} \dfrac{33}{22} \\[4pt] \dfrac{19}{34} \end{Bmatrix} (1\ 440\ \text{r/min}) - \text{II} \begin{Bmatrix} \dfrac{34}{32} \\[4pt] \dfrac{28}{39} \\[4pt] \dfrac{22}{45} \end{Bmatrix} - \text{III} - \dfrac{\phi 176}{\phi 200} - \text{IV} \begin{Bmatrix} \text{M}_1 \\[4pt] \dfrac{27}{63} - \text{V} - \dfrac{17}{58} \end{Bmatrix} - \text{主轴 VI}$$

主轴可获得 2×3×2＝12 级转速,其反转是通过电动机反转实现的。

（2）进给运动传动链

$$\text{主轴 VI} \begin{Bmatrix} \dfrac{55}{55} \\[4pt] \dfrac{55}{35} \cdot \dfrac{35}{55} \end{Bmatrix} - \text{VIII} - \dfrac{29}{58} - \text{IX} - \dfrac{a}{b} \dfrac{c}{d} - \text{XI} -$$

（换向机构）　　　　　　（交换齿轮）

$$\begin{Bmatrix} \dfrac{27}{24} \\[4pt] \dfrac{21}{24} \\[4pt] \dfrac{27}{36} \\[4pt] \dfrac{30}{48} \\[4pt] \dfrac{26}{52} \end{Bmatrix} - \text{XII} \begin{Bmatrix} \dfrac{39}{39} \cdot \dfrac{52}{26} \\[4pt] \dfrac{26}{52} \cdot \dfrac{52}{26} \\[4pt] \dfrac{39}{39} \cdot \dfrac{26}{52} \\[4pt] \dfrac{26}{52} \cdot \dfrac{26}{52} \end{Bmatrix} - \text{XIII} \begin{Bmatrix} \dfrac{39}{39} - \text{XV} - \text{丝杠}(P=6) - \text{车螺纹} \\[6pt] \dfrac{39}{39} - \text{XIV} - \text{光杠} - \dfrac{2}{45} - \text{XVI} - \end{Bmatrix}$$

（增倍机构）

$$\begin{Bmatrix} \dfrac{24}{60} - \text{XVII} - \text{M}_\text{左} - \dfrac{25}{55} - \text{XVIII} - \text{齿轮、齿条}(z=14, m=2) - \text{纵向进给} \\[8pt] \text{M}_\text{右} - \dfrac{38}{47} \cdot \dfrac{47}{13} - \text{横向进给丝杠}(P=4) - \text{横向进给} \end{Bmatrix}$$

3. MJ-50 数控车床传动简介

图 2-8 为 MJ-50 数控车床传动系统图,简介如下。

（1）主运动传动系统

主轴由功率为 11/15 kW 的交流伺服电动机(变频调速)通过速比为 1∶1 的弧齿同步带直接带动,转速在 35~3 500 r/min 范围内无级调速。

（2）进给运动传动系统

纵向进给运动是由功率为 1.8 kW 的交流伺服电动机通过速比为 1∶1.25 的弧齿同步带,带动纵向进给的滚珠丝杠实现的。丝杠的导程 $P_h = 10$ mm,无级调速。

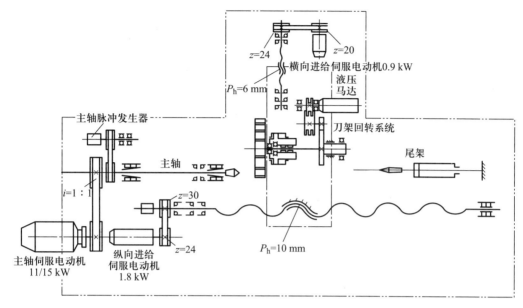

图 2-8 MJ-50 数控车床传动系统图

横向进给运动是由功率为 0.9 kW 的交流伺服电动机通过速比为 1∶1.2 的弧齿同步带,带动横向进给的滚珠丝杠实现的。丝杠的导程 $P_h = 6$ mm,无级调速。

(3)刀架回转传动系统

MJ-50 数控车床采用卧式回转刀架,需要换刀时,刀架作回转的分度运动,回转角度取决于装刀数目。MJ-50 数控车床可在刀盘的径向和轴向安装 10 把刀具,回转角以 36°为单位。

刀架回转的动力源是液压马达,通过平板分度凸轮将运动传递给一对齿轮副,进而带动刀架回转。

(4)螺纹加工的实现

普通车床加工螺纹是通过主轴与刀架间的内联系传动链保证的,即主轴转一转刀架移动工件螺纹的一个导程。数控车床加工螺纹也必须保证这个关系,但数控车床主轴与刀架间没有那种内联系传动链,因此只有通过对主轴与进给轴运动的控制来保证螺纹加工的实现。数控车床的主轴脉冲发生器直接或间接测定主轴的转速,并将信息传递给数控系统,数控系统根据主轴转速、进给传动系统以及工件的导程,计算出进给传动伺服电动机的转速,从而保证螺纹加工的实现。

4. 机床机械传动的组成

机床机械传动主要由以下几部分组成:

(1)定比传动机构 具有固定传动比或固定传动关系的传动机构。例如,图 2-7 中轴 Ⅴ-Ⅵ之间的单个齿轮副 17/58 和轴 ⅩⅢ-ⅩⅣ 之间的单个齿轮副 39/39,以及图 2-8 中的弧齿同步带传动。

(2)变速机构 改变机床部件运动速度的机构。例如,图 2-7 中变速箱的轴 Ⅰ-Ⅱ-Ⅲ 之间的滑动齿轮变速机构,主轴箱的轴 Ⅳ-Ⅴ-Ⅵ 之间的离合器式齿轮变速机构等。而 MJ-50 数控车床的变速是通过交流伺服电动机（变频调速）实现的，机构要简单得多，还是在一定范围内无级调速。

（3）换向机构 变换机床部件运动方向的机构。为了满足不同加工的需要（例如车螺纹时刀具的进给和返回，车右旋螺纹或左旋螺纹等），机床的主传动部件和进给传动部件往往需要正向、反向运动，机床部件运动的换向可以直接利用电动机反转［例如 C616（C6132）车床主轴的反转，MJ-50 数控车床部件的反向运动等］，也可以利用齿轮换向机构（例如图 2-7 主轴箱中轴 Ⅵ-Ⅶ-Ⅷ间的换向齿轮）。

（4）操纵机构 用来实现机床运动部件变速、换向、启动、停止、制动和调整的机构。机床上常见的操纵机构包括手柄、手轮、杠杆、凸轮、齿轮齿条、拨叉、滑块及按钮等。

（5）箱体及其他装置 箱体用以支承和连接各机构，并保证它们相互位置的精度。为了保证传动机构的正常工作，还要设有开停装置、制动装置、润滑与密封装置等。

5. 机械传动的优、缺点

机械传动与液压传动、电气传动相比较，其主要优点如下：

（1）除一般带传动外，机械传动的传动比准确，适于定比传动；

（2）实现回转运动的结构简单，并能传递较大的扭矩；

（3）容易发现故障，便于维修。

传统的机械传动一般情况下不够平稳，制造精度不高时振动和噪声较大；实现无级变速的机构较复杂，成本高。因此，传统的机械传动主要用于速度不太高的有级变速传动中。而数控机床所用的由伺服电动机（变频调速）带动的传动机构则没有上述缺点。但是，为了消除进给运动中反向运动时由于丝杠和螺母间间隙造成的运动误差，必须采用精度高、价格较贵的滚珠丝杠。

二、机床的液压传动

1. 外圆磨床液压传动简介

这里只分析控制外圆磨床工作台往复运动的液压传动系统（图 2-9），它主要由油箱 20、齿轮油泵 13、换向阀 6、节流阀 11、安全阀 12、油缸 19 等组成。工作时，压力油从齿轮油泵 13 经管路输送到换向阀 6，由此流到油缸 19 的右端或左端，使工作台 2 向左或向右作进给运动。此时，油缸 19 另一端的油，经换向阀 6、滑阀 10 及节流阀 11 流回油箱。节流阀 11 是用来调节工作台运动速度的。

工作台的往复换向动作是由挡块 5 使换向阀 6 的活塞自动转换实现的。如图 2-9 所示，工作台向左移动，挡块 5 固定在工作台 2 侧面槽内，按照要求的工作台行程长度，调整两挡块之间的距离。当工作台向左行程终了时，挡块 5 先推动杠杆 8 到垂直位置，然后借助作用在杠杆 8 滚柱上的弹簧帽 15 使杠杆 8 及活塞继续向左移动，从而完成换向动作。此时，换向阀 6 的活塞位置如图 2-10 所示，工作台开始向右移动。换向阀 6 的活塞转换快慢由油阀 16 调节，它将决定工作台换向的快慢及平稳性。

用手向右搬动杠杆 17，滑阀的油腔 14 使油缸 19 的右导管和左导管接通，便停止了工作台的移动。此时，油筒 18 中的活塞在弹簧压力作用下向下移动，使油筒 18 中的油液经油管流回油箱，$z=17$ 的齿轮与 $z=31$ 的齿轮啮合，便可利用手轮 9 移动工作台。

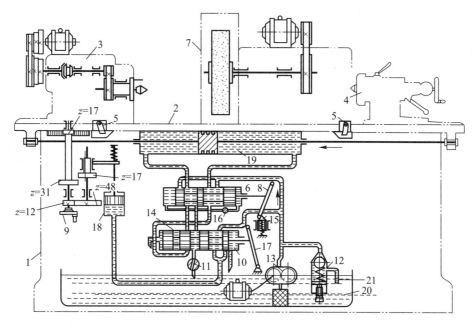

1—床身；2—工作台；3—头架；4—尾架；5—挡块；6—换向阀；7—砂轮罩；8、17—杠杆；

9—手轮；10—滑阀；11—节流阀；12—安全阀；13—齿轮油泵；14—油腔；15—弹簧帽；

16—油阀；18—油筒；19—油缸；20—油箱；21—回油管

图 2-9 外圆磨床液压传动系统示意图

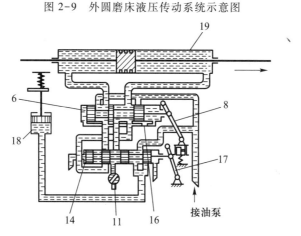

图 2-10 工作台右移时换向阀 6 的活塞位置(标注序号同图 2-9)

2. 机床液压传动的组成

机床液压传动主要由以下几部分组成：

（1）动力元件——油泵。其作用是将电动机输入的机械能转换为液体的压力能,是能量转换装置(能源)。

（2）执行机构——油缸或油马达。其作用是把油泵输入的液体压力能转变为工作部件的机械能,它也是一种能量转换装置(液动机)。

（3）控制元件——各种阀。其作用是控制和调节油液的压力、流量(速度)及流动方向。如节流阀可控制油液的流量;换向阀可控制油液的流动方向;溢流阀可控制油液压力等。

（4）辅助装置——油箱、油管、滤油器、压力表等。其作用是创造必要的条件保证液压系统正常工作。

（5）工作介质——矿物油。它是传递能量的介质。

3. 液压传动的优、缺点

液压传动与机械传动、电气传动相比较,其主要优点如下：

（1）易于在较大范围内实现无级变速；

（2）传动平稳,便于实现频繁的换向和自动防止过载；

（3）便于采用电液联合控制,实现自动化；

（4）机件在油中工作,润滑好,寿命长。

由于液压传动有上述优点,所以其应用广泛。但是,因为油液有一定的可压缩性,并有泄漏现象,所以液压传动不适于作定比传动。

第三节　自动机床和数控机床简介

自动化生产是一种较理想的生产方式。各种高效率的机器设备代替了人所担负的繁重体力劳动;各种自动控制装置代替了人对生产过程的管理和部分脑力劳动。在提高产品质量、生产率、经济效益及改善劳动条件等方面,自动化生产都取得了较好的效果。

在机械制造业中,对于大批大量生产,采用自动机床或由自动机床、组合机床和专用机床组成的自动生产线（简称自动线）,较成功地解决了生产自动化的问题。但是中小批生产的自动化问题,长时间未得到较好的解决。直到在切削加工中应用了数控技术和计算机,才为解决这一问题开拓了新的途径。本节仅对自动机床和数控机床做简要介绍。

一、自动和半自动机床

经调整以后,不需人工操作便能完成自动循环的机床,称为自动机床。除装卸工件是由人工操作外,能完成半自动循环的机床称为半自动机床。

图 2-11 所示为单轴自动车床的工作原理。棒料 4 穿过自动车床的空心主轴 1,并夹紧在弹簧卡头 3 中,刀具分别安装在刀架 5 和刀架 6 上,由分配轴 7 和固定在它上面的鼓轮 8（通过模板 13、12 推动拨杆 17）及盘形凸轮 14 的慢速旋转,控制刀架自动进给。刀架 6 的移动是通过与盘形凸轮 14 接触的杠杆 18 完成的。鼓轮 9 上的模板 11 可通过拨杆 16 控制弹簧卡头作轴向移动,以便按时松开或卡紧棒料。模板 10 可通过拨杆 15 完成自动送料工作。当分配轴 7 转动一周时,自动车床完成一个工作循环,即加工出一个完整的零件。

自动和半自动车床适于大批大量生产形状不太复杂的小型零件,如螺钉、螺母、轴套、齿轮轮坯等。其加工精度较低,生产率很高。但是,当产品变更时,

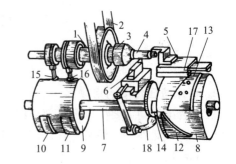

1—空心主轴；2—传动带；3—弹簧卡头；4—棒料；
5、6—刀架；7—分配轴；8、9—鼓轮；10、11、12、13—模板；14—盘形凸轮；15、16、17—拨杆；18—杠杆
图 2-11　单轴自动车床工作原理图

需要根据新的零件设计和制造一套新的凸轮和模板,并需重新调整机床,这势必花费大量的生产准备时间,生产周期较长,不能适应多品种、中小批生产自动化的需要。

二、数控机床

数控机床是在传统的机床技术基础上,利用数字控制等一系列自动控制技术和微电子技术发展起来的高技术产品,是一种高度机电一体化的机床。数控机床按照加工要求预先编制程序,由控制系统发出数字信息指令进行工作。其控制系统称为数控系统,它是一种运算控制系统,能够逻辑性地处理具有数字代码形式(包括数字、符号和字母)的信息——程序指令,用数字化信号通过伺服机构对机床运动及其加工过程进行控制,从而使机床自动完成零件加工。

1. 数控机床加工的基本原理

切削机床通过控制切削工具与工件之间的相对运动,用切削工具切除工件上多余的部分,最终得到所需的合格零件。在非数控机床上,这种工作过程的控制主要由操作者根据加工图样和工艺要求手动操作或控制机床实现,而在数控机床上则是由数控系统用数字化信号控制机床来实现。

图 2-12 是数控机床加工基本原理的结构框图。其工作过程是:根据零件图样数据和工艺内容,用标准的数控代码,按规定的方法和格式,编制加工零件的数控程序。它是数控机床自动加工工件的工作指令,可以由人工编制,也可以利用 CAM 软件自动生成。编好的程序经数控装置的传输和翻译,驱动机床各坐标轴运动和完成其他辅助功能,最终完成零件的加工。

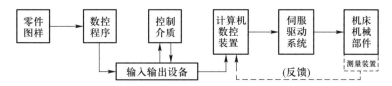

图 2-12　数控机床加工基本原理的结构框图

（1）控制介质和输入输出设备　控制介质是记录零件加工数控程序的媒介,输入输出设备是数控系统与外部设备交互信息的装置,零件加工的数控程序是主要的交互信息。输入输出设备除了将加工零件的数控程序存放或记录在控制介质上之外,还能将数控程序输入数控系统。早期的数控机床所使用的控制介质是穿孔纸带或磁带,相应的输入输出设备为纸带穿孔机和纸带阅读机或录音机,现在这些设备已基本不使用。现代的数控机床主要使用键盘、磁盘和网线进行交互信息传输。

（2）计算机数控装置　数控装置是数控机床的控制中枢,其主要任务是从内部存储器中取出或接收输入装置送来的数控加工程序,经过数控装置的逻辑电路或系统软件进行相应预处理,按照一定的数学模型进行插补运算,输出各种控制信号和指令给机床的各运动驱动单元,以控制机床各部分进行有序的动作。

（3）伺服驱动系统　伺服驱动系统是数控系统与机床本体之间电气传动的联系环节。它能将数控系统送来的信号和指令放大,以驱动机床的执行部件,使每个执行部件按规定的速度和轨迹运动或精确定位,以便加工出合格的零件。因此,伺服驱动系统的性能和质量是决定数控机床加工精度和生产率的主要因素之一。伺服驱动系统中常用的驱动装置有步进电动机、调速直流电动机和交流电动机等。

（4）机床机械部件 机床机械部件是数控机床的主体，是数控系统控制的对象，是实现零件加工的执行部件。它与非数控机床相似，也是由主传动部件、进给传动部件、工件安装装置、刀具安装装置、支承件及动力源等部分组成的。数控机床的传动机构和变速系统较为简单，但对数控机床的精度、刚度、抗振性和热稳定性等则要求较高，且数控机床的传动和变速系统要便于实现自动化控制。加工中心类机床还有存放刀具的刀库、自动交换刀具的机械手、自动交换工件装置等部件。闭环或半闭环数控机床还包括位置测量装置及信号反馈系统，如图 2-12 中虚线所示。

2. 数控机床的种类

数控机床的种类很多，分类原则也有多种。按机床刀具运动轨迹的不同，数控机床可分为点位控制、直线控制和轮廓控制数控机床。

（1）点位控制数控机床 其特点是只要求控制刀具（或机床工作台）从一点移动到另一点的准确定位，至于其在点与点之间移动的轨迹原则上不加控制，且在刀具（或机床工作台）移动过程中刀具不进行切削，如图 2-13 所示。采用点位控制的数控机床有数控钻床、数控镗床和数控冲床等。

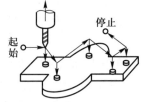

图 2-13 点位控制数控机床

（2）直线控制数控机床 其特点是除了控制刀具（或机床工作台）在点与点之间的准确定位外，还要保证其在被控制的两个坐标点间移动的轨迹是一条直线，且在移动的过程中刀具能按指定的进给速度进行切削，如图 2-14 所示。采用直线控制的数控机床有数控车床、数控铣床和数控磨床等。

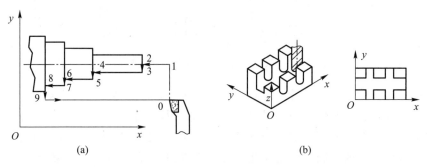

(a)　　　　　　　　　　　　　(b)

图 2-14 直线控制数控机床

（3）轮廓控制数控机床 其特点是能够对刀具或机床工作台两个或两个以上坐标方向的同时运动进行严格、不间断的控制，并且在运动过程中刀具对工件表面连续进行切削，如图 2-15 所示。采用轮廓控制的数控机床有数控铣床、数控车床、数控磨床和数控齿轮加工机床等。

按伺服系统类型的不同，数控机床可以分为开环控制数控机床、闭环控制数控机床和半闭环控制数控机床。

（1）开环控制数控机床 开环控制数控机床采用开环控制伺服系统，一般由步进电动机、配速齿轮和丝杠螺母副等组成，如图 2-16a 所示。这类数控机床的伺服系统没有检测反馈装置，不能进行误差校正，故这类数控机床加工精度不高。但开环控制伺服系统结构简单、维修方便、价格低，适用于经济型数控机床。

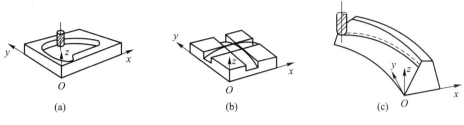

图 2-15　轮廓控制数控机床

（2）闭环控制数控机床　闭环控制数控机床采用闭环控制伺服系统,通常由直流(或交流)伺服电动机、配速齿轮、丝杠螺母副和位移检测装置等组成,如图 2-16b 所示。安装在工作台上的位移检测装置将工作台的实际位移值反馈给数控装置,与指令要求的位置进行比较,用其差值进行控制,可保证数控机床达到很高的位移精度。但闭环控制伺服系统结构复杂,调整维修困难,一般用于高精度的数控机床。

（3）半闭环控制数控机床　半闭环控制数控机床类似于闭环控制数控机床,但其位移检测装置安装在传动丝杠上,如图 2-16c 所示。这类数控机床的丝杠螺母传动机构及工作台不在控制环内,其误差无法校正,故加工精度不如闭环控制数控机床。但半闭环控制伺服系统结构简单,稳定性好,调试容易,因此应用比较广泛。

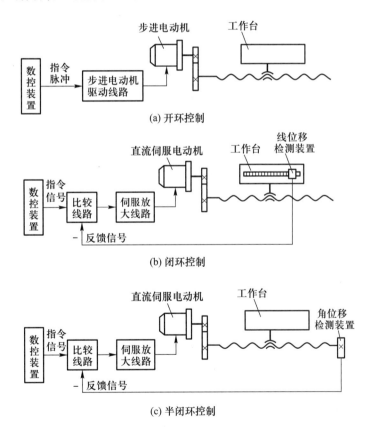

图 2-16　开环、闭环和半闭环控制伺服系统

3. 数控机床的特点和应用

数控机床主要有如下优点：

（1）柔性（可变性、适应性）大 主要表现在数控机床加工对象的灵活可变性，通过更换零件加工程序，可以很容易在一定范围内从一种零件的加工变为另一种零件的加工，可显著缩短多品种生产中的设备调整和生产准备时间，并可节省许多专用工装夹具。

（2）利用率高 这是因为一方面数控机床的设备调整和生产准备时间短，另一方面数控机床可配备各种类型的监控、诊断和在机检测装置等，能实现长时间连续稳定的自动加工。

（3）加工质量稳定 数控机床按预定的程序自动进行加工，加工过程中一般不需要人工干预，而且数控机床还有在机检测装置和软件补偿功能，能可靠保证加工质量的稳定性。

（4）生产率高 数控加工可以实现优化切削参数、多工序集中、自动换刀、交换工作台等功能，从而缩短加工时间和辅助时间，提高加工效率。此外，高速切削和复合加工等高效数控加工技术进一步发展，更明显缩短了辅助时间，提高了加工效率。

（5）减轻劳动强度，改善劳动条件 数控机床的操作者输入并启动程序后，机床就能自动连续地进行加工，直至加工结束。操作者的工作主要是程序的输入、编辑，装卸工件，刀具的准备，加工状态的观测，零件的检验等工作，劳动强度被极大降低，其劳动趋于智力型工作。另外数控机床一般采取封闭式加工，生产环境既清洁又安全。

（6）利于生产管理现代化 用数控机床加工零件，可方便地准确估计加工时间、生产周期和加工费用，并可对所使用的刀具、夹具进行规范化和现代化管理。数控机床具有通信接口，可实现 CAD/CAM 及管理一体化，是构成柔性制造系统（FMS）和计算机集成制造系统（CIMS）的基本设备。

由于数控机床具有上述优点，必将减少在制品的数量，缩短生产周期，节省流动资金，并且便于实现生产系统的计算机集成管理，故使综合经济效益大大提高。

数控加工已应用于各类机械加工。数控加工可进行零件的切削加工、磨削加工和特种加工；可加工金属、非金属和复合材料等多种材料；加工零件类型既包括轴、盘、箱体、筒体、梁框和五面体等常见零件，也包括叶片、曲轴、齿轮等复杂零件。对产量小、品种多、产品更新频繁、要求生产周期短的飞机、宇宙飞船以及研制产品的零件加工，数控加工具有很大的优越性。尤其对于某些具有复杂型面的零件，例如透平叶片、船用螺旋桨、模具等，用非数控机床难以完成这类零件的加工，而用数控机床则能较方便地完成加工工作。虽然数控机床价格高，初期投资大，但通过提高利用率可较快地回收投资。

4. 数控机床的发展

由于数控机床具有明显的优越性，它已为世界各国所重视，而且发展迅速。

数控机床的工艺功能已由加工循环控制、加工中心发展到适应控制。

加工循环控制数控机床虽然可实现每个加工工序的自动化，但对于不同工序，刀具的更换及工件的重新装夹仍需人工来完成。

加工中心是配备有刀库并能自动更换刀具，可对一次装夹的工件进行多工序集中加工的数控机床（图 2-17）。工件经一次装夹后，数控系统便能控制机床按不同工序（或工步）自动选择和更换刀具，自动改变机床主轴转速、进给量和刀具相对工件的运动轨迹及实现其他辅助功能，依次完成工件多工序的加工。因此，它可以显著缩短辅助时间，提高生产率，改善劳动条件。

适应控制数控机床是一种具有"随机应变"功能的机床。它能适应加工条件的变化,自动调整切削用量,按规定条件实现加工过程的最佳化。

数控机床的发展趋势如下:

(1) 高性能化

数控机床在加工速度和加工精度上的高性能,一直是机床研究者和开发者追求的目标。1995 年美国 Cincinnati Milacron 公司在有关基金的资助下,首次提出"高性能数控加工"和"高性能数控机床"的概念,并持续开展了大型高速机床关键技术的研究和高性能加工机床的研制工作。近年来,各知名数控机床制造厂商都不遗余力研究开发高性能数控机床,如沈阳机床股份有限公司的 GMC1230u 龙门 5 轴联动铣削加工中心,其主轴转

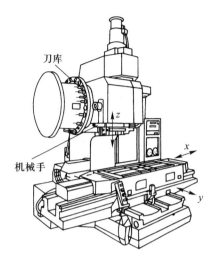

图 2-17 立式加工中心

速为 14 000r/min,功率为 45 kW,工作台进给快移速度可达 30 m/min,直线轴定位精度为 0.01 mm。

(2) 高速化和复合化

数控机床的高速化和复合化是高效数控加工的主要需求。高速化主要以提高机床单位时间内有效切除零件毛坯上多余材料的能力为目标。复合化是将多种加工工艺集中于一台数控机床上,从而使工件在机床上一次装夹后,能自动进行铣-车复合、车-铣复合、车-镗-钻-齿轮加工复合,车-磨复合等加工,真正实现在一台机床上顺序完成工件的全部或大部分加工工序。数控复合加工是一种在多轴联动基础上实现的高效、高柔性、高质量的切削加工方法,它可以大大缩短工件定位装夹等辅助时间,提高机床加工效率,并且可以有效解决一些难加工材料特殊零件的加工问题。

(3) 柔性化

对现代产品快速更新和市场多样化的需求,使作为重要制造装备的数控机床要具有配置变化灵活、功能剪裁和扩展简便、工艺和参数调整方便等特点,从而可以方便地构建适应变批量、快速响应生产要求的柔性制造单元和柔性生产线。采用模块化功能部件和结构设计、开放式的数控系统、可重构的机床结构和制造单元等,使数控机床的柔性化程度大大提高。此外,随着计算机技术和控制技术的发展,采用以 PC 为平台的开放式网络化数控系统,也为数控机床的柔性自动化技术发展提供了极好的技术支撑。

(4) 智能化

数控机床智能化将使机床不仅仅根据数控系统指令控制主轴和相应坐标轴的运动来完成零件的加工,而且可以根据当前实际的加工条件、机床状态和使用环境,进行传感感知、自主判断和决策,自适应地改变控制策略和机床的运动,以保证机床顺利完成加工任务。数控机床的智能化主要发展方向是自动识别零件加工特征,并可进行工艺规划的编程;自动防止刀具和工件及夹具发生干涉碰撞;智能化刀具监控技术;断电后工件自动退出安全区的断电保护;加工零件检测和自动补偿学习;高精度零件加工智能化参数选用;加工过程中主轴和机床振动的监测与抑制;自动位置/变形检测与补偿;机床运行故障智能诊断及维护等。数控机床的智能化发展使机床变得

越来越"聪明"和人性化,更好地适应生产柔性化和高效化的要求。

（5）网络化

网络化将使数控机床更方便地满足与外部通信、信息集成和底层硬件设备控制的需求,是新一代数控机床的重要发展趋势。尤其是开放式结构以及基于 PC 的数控系统技术,不仅使互联网、工业以太网等网络技术可以极方便地应用于数控机床,从而易于实现数控机床与外部的通信及集成,而且基于工业现场总线的控制网络等可以直接连接数控机床的伺服系统、主轴单元、PLC（可编程控制器）、传感器等底层硬件,实现数字信号处理和数字伺服控制,大大简化了数控机床的控制、监测系统,提高系统的可靠性、加工效率和质量。

（6）"绿色"化

数控机床的"绿色"化主要表现在三个方面:一是在设计过程中,采用"'绿色'化""轻量化"设计理念,采用先进材料、优化结构和工艺技术,实现机床结构的大幅度减重,降低机床运行过程中的驱动功率,从而达到省材、节能的目的;二是考虑在数控机床的使用过程中尽可能减少使用传统切削液,因为传统切削液的使用会带来环境污染、损害工人健康、回收处理费用高等问题,因此,推广使用干切削、准干切削、微量润滑切削等绿色环保切削技术;三是优化切削参数和工艺过程,实现优质、高效、低耗的数控加工。

第四节　柔性制造系统和计算机辅助设计与制造概述

长期以来,人们往往孤立看待机械制造领域所涉及的各种问题,分别研究机械制造中所用的机床、工具和制造过程。因此,在很长的时期内,尽管有许多研究工作取得了卓越的成就,然而在大幅度提高小批生产的生产率方面,并未实现重要的突破。直到 20 世纪 60 年代后期人们才逐渐认识到,只有把机械制造的各个组成部分看成是一个有机的整体,以控制论和系统工程学为工具,用系统的观点对机械制造进行分析和研究,才能对机械制造过程实行最有效的控制,才能有效提高生产率、扩大品种、保证产品质量,并达到最大的经济效益。基于这种认识,人们进行了许多研究和实践,于是出现了机械制造系统的概念。

一、机械制造系统

机械制造系统是由经营管理、生产过程、机床设备、控制装置及工作人员所组成的有机整体。它和其他生产系统一样,是由输入、制造过程和输出组成的(图 2-18)。

系统的输入,是指向系统输入具有一定几何参数(如形状、尺寸、精度、表面粗糙度等)和物理参数(如材料性质、表面状态等)的原材料、毛坯(或半成品)、刀具等。系统将工件输入参数与机床调整参数(v_c、f、a_p 等)相综合,从而决定制造过程中的加工条件及顺序。

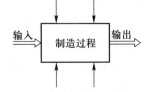

图 2-18　机械制造系统

制造过程就是对输入的原材料(或毛坯)以及其他信息进行加工、转变的过程。

系统的输出是指经过制造过程的加工和转变,最后输出具有所要求的形状、尺寸、精度和表面质量的零件,而且材料的切除量和刀具的磨损等符合要求。

输出的零件信息可以输入制造过程,以实现加工连续不断的进行。

根据系统拥有的机床台数,可以把系统分为单级机械制造系统和多级机械制造系统。单级机械制造系统只拥有一台机床,多级机械制造系统则拥有多台机床。

根据系统的结构情况,又可以把系统分为常规机械制造系统和集成机械制造系统(integrated manufacturing system,IMS)。

常规机械制造系统所拥有的机床为通用机床。若采用人工控制方式,系统所需要的控制信息是以零件图样或工艺文件的形式提供的。操作者依靠自身的技术和经验,用手工对机床进行控制。在通用机床上,也可以利用凸轮、靠模等实现自动控制,但是,系统的控制信息是以固定的形式存储在凸轮或靠模上的,更改比较困难,故系统的柔性(或可变性)受到很大的限制,难以适应多品种、中小批生产的需要。

集成制造系统所拥有的机床为数控机床,CNC(computerized numerical control,计算机数控)和 DNC(distributed numerical control,分布式数控)机床都属于这类系统。它们除了能完成自动加工外,还能承担系统的某些其他功能,如自动调度和及时传递等。

集成制造系统(IMS)具有较大的柔性,特别适用于多品种、中小批生产,这种生产已成为现代机械制造业发展的一种趋势。因此,一些技术先进的国家,近年来都在努力发展以 NC(numerical control,数字控制)、CNC、DNC 为基础的高控制水平的计算机集成制造系统(computer integrated manufacturing systems,CIMS)。

二、柔性制造系统(flexible manufacturing systems,FMS)

1. FMS 的概念

FMS 是在 DNC 基础上发展起来的一种集成机械制造系统,也称为可变制造(或加工)系统。

FMS 是由一组数控机床和其他自动化的工艺设备、计算机信息控制系统和物料自动储运系统有机结合的整体。它可按任意顺序加工一组有不同工序与加工节拍的工件,能适时地自由调度管理,因而这种系统可以在设备的技术规范的范围内自动适应加工工件和生产批量的变化。整个加工过程中,系统按生产程序软件调度工作,每个加工工位满负荷工作,可实现无人化加工。

FMS 是 20 世纪 70 年代发展起来的一种新型机械制造系统,它是一种运用系统工程学原理和成组技术进行多品种、中小批生产,并使其达到整体优化的自动化加工手段。它从全局观点出发,把社会需要与自动化加工结合成一个有机的整体。

2. FMS 的基本类型及应用

根据 FMS 所完成加工工序的多少、拥有机床的数量、储运系统和控制系统的完善程度等,可以将 FMS 分为以下三种基本类型:

(1)柔性制造单元(flexible manufacturing cells,FMC)　它是由一台或少数几台配有一定容量的工件自动更换装置的加工中心组成的生产设备(图 2-19),按工件储存量的多少,能独立持续地自动加工一组不同工序与加工节拍的工件。它可以作为组成 FMS 的模块单元,特别适于多品种、小批生产。

(2)柔性制造系统(FMS,图 2-20)　柔性制造系统主要由加工系统(数控加工设备,一般为加工中心)、物料系统(工件和刀具运输及存储)以及计算机控制系统(中央计算机及其网络)等组成。它包括多个柔性制造单元,规模比 FMC 大,自动化程度和生产率比 FMC 高,能完成更复杂的加工。在 FMS 中,每台机床既可用来完成一种或多种零件的全部加工,也可以与系统中的其他机床配合,按程序对工件进行顺序加工。所以,FMS 特别适于多品种、小批或中批复杂零件的加工。

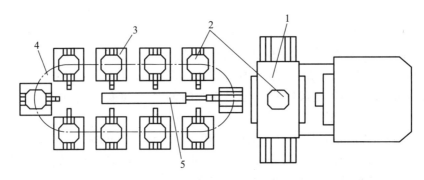

1—加工中心;2—托盘;3—托盘站;4—环形工作台;5—工件更换装置

图 2-19 柔性制造单元

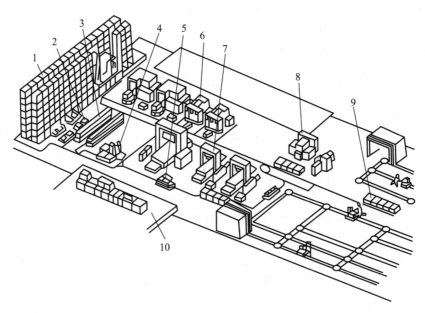

1—自动仓库;2—装卸站;3—托盘站;4—检验机器人;5—自动导向车;

6—卧式加工中心;7—立式加工中心;8—磨床;9—组装交付站;10—计算机控制室

图 2-20 柔性制造系统

(3) 柔性自动生产线(flexible transfer line,FTL) 它是由更多的数控机床、输送和存储系统等所组成的柔性制造系统。每 2～4 台机床间设置一个自动仓库,工件和随行夹具按直线式输送。整个生产线可以分成几段,完成不同的加工任务,以便减少因停机所带来的损失。自动仓库还能起到供料、储料的"缓冲"作用,以协调各机床的加工。FTL 的生产率比较高,但柔性稍差,特别适合于中批或大批生产几何形状、加工工艺和节拍都相似但不同品种的复杂零件。

通用机床、简易自动化及通用自动化机床、柔性制造单元、柔性制造系统、柔性自动生产线和专用自动生产线,在应用范围、自动化程度、生产率及经济性等方面的比较如图 2-21 所示。

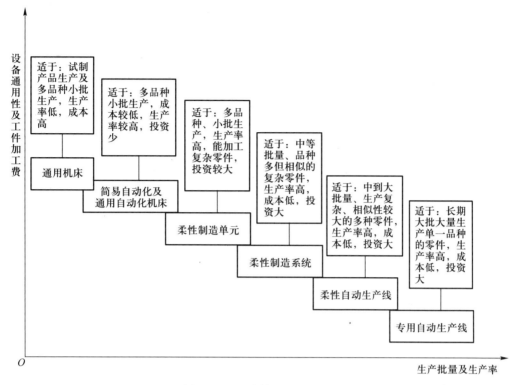

图 2-21 几种制造系统的比较

三、计算机集成制造系统 (computer integrated manufacturing systems, CIMS)

计算机集成制造系统是集现代管理技术、制造技术、信息技术、自动化技术、系统工程技术于一体的系统工程。CIMS 并不等于全盘自动化，CIMS 的核心在于"集成"，是人、技术和经营三大方面的集成，以便在信息和功能集成的基础上使企业组成一个统一的整体，保证企业内的工作流程、物质流和信息流畅通无阻，从而获得更高的整体效益，提高市场竞争力。

图 2-22 为 CIMS 基本组成的示意图。其中管理信息分系统是 CIMS 的神经中枢，它指挥与控制其他各部分有条不紊地工作。工程设计自动化分系统，包含产品的概念设计、工程与结构、详细设计、工艺设计以及数控编程等，它的作用是使产品开发活动更高效、更优质、更自动地进行。制造自动化分系统在计算机的控制下，按照规定的程序将毛坯加工成合格的零件，并装配成部件乃至产品，还可将制造现场的各种信息实时地或经过初步处理后反馈到有关部门，以便及时进行调度和控制。质量保证分系统主要采集、存储、评价和处理与质量有关的大量数据，利用这

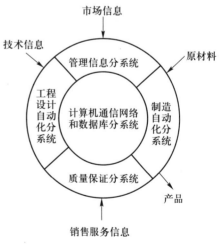

图 2-22 CIMS 的基本组成

些信息有效地保证产品质量,促进产品质量的提高。计算机通信网络和数据库分系统是 CIMS 重要的信息集成工具,通过计算机通信网络将 CIMS 各分系统的信息联系起来,支持资源共享、分布处理和实时控制。数据库分系统支持 CIMS 各分系统并覆盖企业全部信息,以实现企业的信息共享和信息集成。

正在发展中的 FMS 和 CIMS 为实现自动化工厂积累了经验,创造了条件。在自动化工厂内,零件加工将不需要人直接参与操作,生产自动化的范围也很广,包括加工过程自动化、物料存储和输送自动化、产品检验自动化及信息处理自动化等。因此,可提高设备的利用率和柔性,缩短生产周期,减轻操作人员的劳动强度,并可提高设备的加工精度和工作可靠性,做到及时供应,减少库存,且能更好地适应市场的需要。

四、计算机辅助设计与制造(CAD/CAM)概述

任何一种新产品的诞生,都要经过设计和制造阶段。计算机辅助设计(computer aided design,CAD)的概念如图 2-23 所示,它与传统的以人为核心的设计明显不同。根据产品开发计划和对产品功能的要求,不再仅仅依靠设计者个人的知识和能力去设计,还要运用存储在计算机中的多种知识,在 CAD 系统和数据库的支持下进行设计工作。这样设计出的产品大大优于传统方法设计出的产品;此外,CAD 输出的结果也不仅仅是装配图和零件图,还包括在制造过程中应用计算机(计算机辅助制造)所需的各类信息。

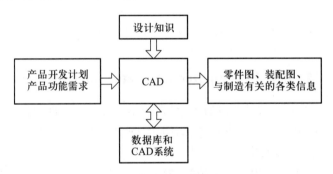

图 2-23   CAD 的概念

计算机辅助制造(computer aided manufacturing,CAM)狭义的概念如图 2-24 所示,它是指在制造过程中的某个环节(如编制数控加工程序、数控检测程序等)上应用计算机。广义 CAM 的概念应该是在从毛坯到产品的全部制造过程(包括直接制造过程和间接制造过程)中应用计算机。

CAD/CAM 的最原始阶段是在计算机辅助下完成零件设计,并在此基础上生成零件的数控加工程序。随着 CAD 技术和 CAM 技术研发与应用水平的不断提高,它们的一些弊端也逐渐显现出来,例如 CAD 与 CAM 的衔接问题等。由于两者在各自的发展进程中所关心的热点不同,因而它们内部表达同一产品的模型也不相同,结果导致经过 CAD 设计出来的产品数据无法被 CAM 直接接收,造成信息中断,需要通过人的参与使两者联系起来。这样一方面影响了计算机优势的发挥,另一方面由于人的介入还容易造成错误。因此,人们又提出用统一的产品数据模型,同时支持 CAD 和 CAM 的信息表达,在系统设计之初就将 CAD/CAM 视为一个整体,实现真

正意义的 CAD/CAM 集成化,使 CAD/CAM 进入一个崭新的阶段。

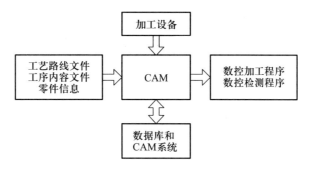

图 2-24　CAM 的狭义概念

20 世纪 90 年代以后,CAD/CAM 系统的集成度不断提高,特征造型技术的成熟应用,为从根本上解决由 CAD 到 CAM 的数据流无缝传递奠定了基础,使 CAD/CAM 达到了真正意义上的集成,从而产生最高的效益。

复　习　题

1. 机床主要由哪几部分组成? 它们各起什么作用?
2. 机床机械传动主要由哪几部分组成? 有何优点?
3. 机床液压传动主要由哪几部分组成? 有何优点?
4. 何谓自动机床、数控机床? 它们各适用于什么场合? 为什么?
5. 简述数控机床的工作原理和种类。
6. 何谓机械制造系统、柔性制造系统(FMS)、计算机辅助制造(CAM)?
7. FMS 有哪几个基本类型? 它们各适用于什么场合?

思考和练习题

2-1　试计算 C616(C6132)车床主轴的最高转速和最低转速(参阅图 2-7)。

2-2　磨床液压传动系统中(参阅图 2-9),安全阀起什么作用? 为什么要用安全阀?

2-3　为什么说多品种、中小批生产将是机械制造业发展的趋势? 应以何种途径来解决这类生产自动化的问题?

2-4　为什么要把机械制造的各个方面作为一个有机的整体,即作为一个系统进行分析和研究?

2-5　柔性制造系统的"柔性"指的是什么? 为什么要求机械制造系统具有一定的柔性?

2-6　简述 CAD/CAM 与传统设计、制造过程的不同。

第三章　常用切削加工方法综述

在机械制造中,切削加工属于材料去除加工,即在加工过程中工件的质量变化 $\Delta m < 0$。虽然这种加工方法的材料利用率比较低,但由于它的加工精度和所加工零件的表面质量较高,并且有较强的适应性,因此至今仍是应用最多的加工方法。

机器零件的大小不一,形状和结构各异,加工方法也多种多样,其中常用的切削加工方法有车削、钻削、镗削、刨削、拉削、铣削和磨削等。尽管这些加工方法在基本原理方面有许多共同之处,但由于其所用机床和刀具不同,切削运动形式各异,所以它们有着各自的工艺特点及应用。

第一节　车削的工艺特点及其应用

在零件的组成表面中,回转面用得最多。车削的主运动为工件回转,特别适于加工回转面,也可以加工工件的端面,故比其他加工方法应用得更加普遍。为了满足不同加工需要,车床的类型很多,主要有卧式车床、立式车床、转塔车床、自动车床和数控车床等。

一、车削的工艺特点

1. 易于保证工件各加工面的位置精度

车削时,工件绕某一固定轴线回转,各表面具有同一回转轴线,故易于保证加工面间同轴度的要求。例如,在卡盘或花盘上安装工件(图 3-1)时,回转轴线是车床主轴的回转轴线;利用前、后顶尖安装轴类工件,或利用心轴安装盘类、套类工件时,回转轴线是两顶尖中心的连线。工件端面与轴线的垂直度要求则主要由车床本身的精度来保证,它取决于车床横溜板导轨与工件回转轴线的垂直度。

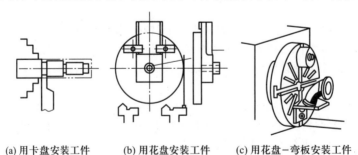

(a) 用卡盘安装工件　　(b) 用花盘安装工件　　(c) 用花盘-弯板安装工件

图 3-1　利用卡盘或花盘安装工件

2. 切削过程比较平稳

除了车削断续表面之外,一般情况下车削过程是连续进行的,不像铣削和刨削,在一次走刀过程中刀齿有多次切入和切出,会产生冲击。当车刀几何形状、背吃刀量和进给量一定时,切削层公称横截面积是不变的,因此,车削时切削力基本不发生变化,车削过程比铣削和刨削过程平稳。又由于车削的主运动为工件回转,避免了惯性力和冲击的影响,所以车削允许采用较大的切削用量进行高速切削或强力切削,有利于提高生产率。

3. 适用于有色金属零件的精加工

某些有色金属零件,因材料本身的硬度较低,塑性较大,若用砂轮磨削,软的磨屑易堵塞砂轮,难以得到很光洁的表面。因此,当有色金属零件表面粗糙度 Ra 值要求较小时,不宜采用磨削加工,而要采用车削或铣削等加工方法。用金刚石刀具,在车床上以很小的背吃刀量($a_p <$ 0.15 mm)和进给量($f < 0.1$ mm/r)以及很高的切削速度($v \approx 300$ m/min)进行精细车削,加工精度可达 IT6~IT5,加工表面粗糙度 Ra 值达 0.4~0.1 μm。

4. 刀具简单

车刀是刀具中最简单的一种,制造、刃磨和安装均较方便,便于根据具体加工要求选用合理的刀具角度。因此,车削的适应性较广,并且有利于加工质量和生产率的提高。

二、车削的应用

在车床上使用不同的车刀或其他刀具,通过刀具相对于工件不同的进给运动,就可以得到相应的工件形状。如:刀具沿平行于工件回转轴线的直线移动时,可形成内、外圆柱面;刀具沿与工件回转轴线相交的斜线移动时,则形成圆锥面。在仿形车床或数控车床上,控制刀具沿着某条曲线运动可形成相应的回转曲面。利用成形车刀作横向进给,也可加工出与切削刃相应的回转曲面。车削还可以加工螺纹、沟槽、端面和成形面等,加工精度可达 IT8~IT7,加工表面粗糙度 Ra 值为 1.6~0.8 μm。

车削常用来加工单一轴线的零件,如直轴和一般盘类、套类零件等。若改变工件的安装位置或将车床适当改装,车削还可以加工多轴线的零件(如曲轴、偏心轮等)或盘形凸轮。图 3-2 为车削曲轴和偏心轮工件的安装方法示意图。

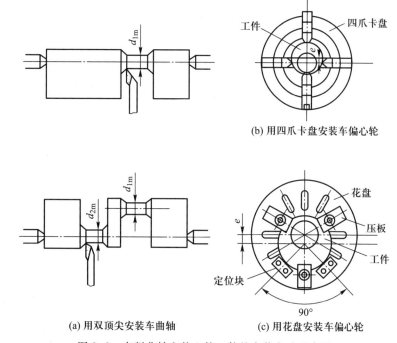

(b) 用四爪卡盘安装车偏心轮

(a) 用双顶尖安装车曲轴　　(c) 用花盘安装车偏心轮

图 3-2　车削曲轴和偏心轮工件的安装方法示意图

单件小批生产中,各种轴、盘、套等类零件多选用适应性广的卧式车床或数控车床进行加工;直径大而长度短(长径比 $L/D \approx 0.3 \sim 0.8$)的重型零件,多用立式车床加工。

成批生产外形较复杂,且具有内孔及螺纹的中小型轴类、套类零件(图3-3)时,应选用转塔车床进行加工。

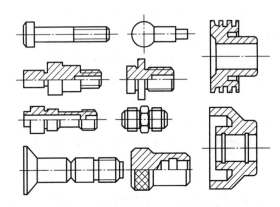

图3-3 转塔车床加工的典型零件

大批大量生产形状不太复杂的小型零件,如螺钉、螺母、管接头、轴套类零件等(图3-4)时,多选用半自动和自动车床进行加工,它的生产率很高,但精度较低。

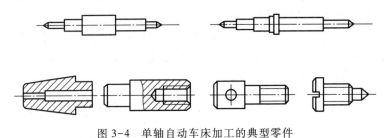

图3-4 单轴自动车床加工的典型零件

第二节 钻削、镗削的工艺特点及其应用

孔是组成零件的基本表面之一,钻孔是孔加工的一种基本方法。钻孔经常在钻床和车床上进行,也可以在镗床或铣床上进行。常用的钻床有台式钻床、立式钻床和摇臂钻床。

一、钻削的工艺特点

钻孔与车削外圆相比工作条件要困难得多。钻削时,钻头工作部分处在已加工表面的包围中,因而引起一些特殊问题,如钻头的刚度和强度、容屑和排屑、导向和冷却润滑等问题。钻削的工艺特点可概括如下。

1. 容易产生"引偏"

所谓"引偏",是指钻削加工时由于钻头弯曲而引起的孔径扩大、孔不圆(图3-5a)或孔的轴线歪斜(图3-5b)等。钻孔时产生引偏,主要是因为钻孔最常用的刀具是麻花钻(图3-6),其直径和长度受所加工孔的限制而使其形状呈细长状,刚度较差。为形成切削刃和容纳切屑,麻花钻钻头必须制出两条较深的螺旋槽,使钻心变细,进一步削弱了钻头的刚度。为减少导向部分与已加工孔壁的摩擦,钻头仅有两条很窄的棱边与孔壁接触,接触刚度和导向作用也很差。

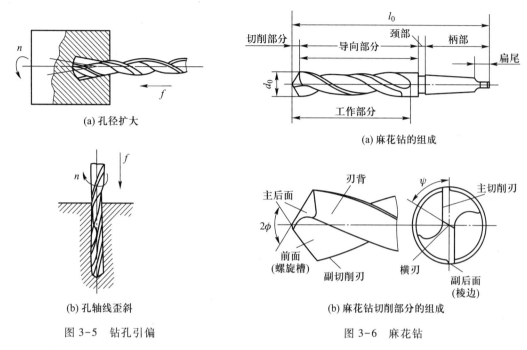

(a) 孔径扩大

(b) 孔轴线歪斜

图 3-5 钻孔引偏

(a) 麻花钻的组成

(b) 麻花钻切削部分的组成

图 3-6 麻花钻

钻头横刃处的前角 $\gamma_{o\psi}$,具有很大的负值(图 3-7),切削条件极差,实际上不是切削而是挤刮金属。钻孔时一半以上的轴向力是由横刃产生的,稍有偏斜,将产生较大的附加力矩,使钻头弯曲。此外,钻头的两个主切削刃也很难磨得完全对称,加上工件材料的不均匀性,钻孔时的背向力不可能完全抵消。

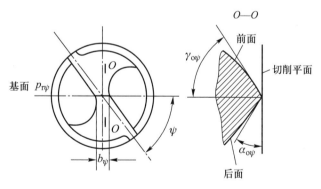

图 3-7 横刃的角度

因此,在钻削力的作用下,刚度很差且导向性不好的钻头很容易弯曲,致使钻出的孔产生引偏,降低了孔的加工精度,甚至造成废品。在实际加工中,常采用如下措施来减少引偏:

(1)预钻锥形定心坑(图 3-8a) 即先用小顶角($2\phi = 90° \sim 100°$)大直径短麻花钻预先钻一个锥形坑,然后再用所需的钻头钻孔。由于预钻时钻头刚度好,锥形坑不易偏,以后再用所需的钻头钻孔时,这个坑就可以起定心作用。

（2）用钻套为钻头导向（图3-8b）　这样可减少钻孔开始时的引偏,特别是在斜面或曲面上钻孔时,采取这种措施更为必要。

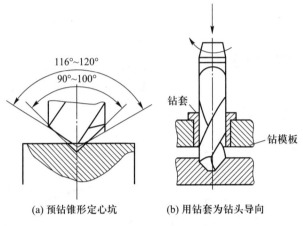

(a) 预钻锥形定心坑　　　　(b) 用钻套为钻头导向

图 3-8　减少引偏的措施

（3）钻头的两个主切削刃尽量刃磨对称　这样可使两主切削刃的背向力互相抵消,减少钻孔时的引偏。

2. 排屑困难

钻孔时,由于切屑较宽,容屑槽尺寸又受到限制,因而在排屑过程中切屑往往与孔壁发生较大的摩擦、挤压、拉毛和刮伤已加工表面,降低加工表面质量。有时切屑可能阻塞在钻头的容屑槽里,卡死钻头,甚至将钻头扭断。

因此,排屑问题成为钻孔时要妥善解决的重要问题之一。尤其是用标准麻花钻加工较深的孔时,要反复多次把钻头退出以排屑。为了改善排屑条件,可在钻头上修磨出分屑槽（图3-9）,将宽的切屑分成窄条,以利于排屑。当钻深孔（$L/D>5\sim10$）时,应采用合适的深孔钻进行加工。

图 3-9　分屑槽

3. 切削热不易传散

由于钻削是一种半封闭式的切削,钻削时所产生的热量,虽然也由切屑、工件、刀具和周围介质传出,但它们吸收热量的比例却和车削时大不相同。如用标准麻花钻不加切削液钻钢料时,吸收的热量中工件约占 52.5%,钻头约占 14.5%,切屑约占 28%,周围介质约占 5%。

钻削时,大量高温切屑不能及时排出,切削液难以注入切削区,切屑、刀具与工件之间的摩擦很大,因此切削温度较高,致使刀具磨损加剧,限制了钻削用量和生产率的提高。

二、钻削的应用

在各类机器零件上经常需要进行钻孔,因此钻削的应用很广泛。但是,由于钻削的加工精度较低、加工表面较粗糙（一般加工精度在 IT10 以下,加工表面粗糙度 Ra 值大于 12.5 μm）,生产率也比较低,因此,钻孔主要用于粗加工,例如加工精度和表面粗糙度要求不高的螺钉孔、油孔和螺纹底孔等。但精度和表面结构要求较高的孔,也要以钻孔作为预加工工序。

单件小批生产中,中小型工件上的小孔(一般 $D<13$ mm)常用台式钻床加工,中小型工件上直径较大的孔(一般 $D>50$ mm)常用立式钻床加工;大中型工件上的孔应采用摇臂钻床加工;回转体工件上的孔多在车床上加工。

在成批和大量生产中,为了保证加工精度,提高生产率和降低加工成本,广泛使用钻模(图3-10)、多轴钻(图3-11)或组合机床(图3-12)进行孔的加工。

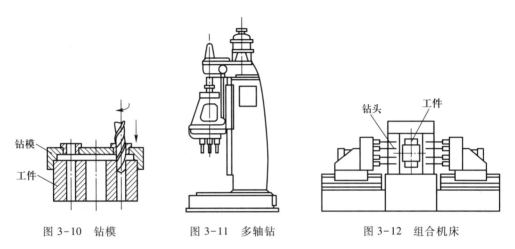

图 3-10　钻模　　　　图 3-11　多轴钻　　　　图 3-12　组合机床

精度高、表面粗糙度值小的中小直径孔($D<50$ mm),在钻削之后,常常需要采用扩孔和铰孔进行半精加工和精加工。

三、扩孔和铰孔

1. 扩孔

扩孔是指用扩孔钻(图3-13)对工件上已有的孔进行扩大加工(图3-14)。扩孔时的背吃刀量 $a_p=(d_m-d_w)/2$,比钻孔时的背吃刀量($a_p=d_m/2$)小得多,因而刀具的结构和切削条件比钻孔时好得多。其主要原因是:

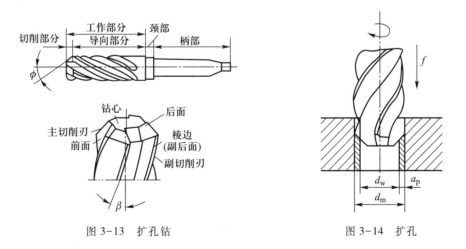

图 3-13　扩孔钻　　　　　　　图 3-14　扩孔

(1)切削刃不必自外圆延续到中心,避免了横刃和由横刃所引起的一些不良影响。

（2）切屑窄，易排出，不易擦伤已加工表面。同时容屑槽也可做得较小，较浅，从而可以加粗钻心，大大提高扩孔钻的刚度，有利于加大切削用量和改善加工质量。

（3）刀齿多（3~4个），导向作用好，切削平稳，生产率高。

由于上述原因，扩孔的加工质量比钻孔高，一般加工精度可达 IT10~IT9，加工孔的表面粗糙度 Ra 值为 6.3~3.2 μm。

考虑扩孔比钻孔有较多的优越性，在钻直径较大的孔（一般 $D \geqslant 30$ mm）时，可先用小钻头（直径为孔径的 0.5~0.7）预钻孔，然后再用原尺寸的大钻头扩孔。实践表明，这样虽分两次钻孔的生产率也比用大钻头一次钻孔的生产率高。若用扩孔钻扩孔，则生产率将更高，加工精度也比较高。

扩孔常作为孔的半精加工方法，当孔的精度和表面粗糙度要求更高时，则要采用铰孔。

2. 铰孔

铰孔是应用较为普遍的中小尺寸孔的精加工方法之一，一般加工精度可达 IT9~IT7，加工孔的表面粗糙度 Ra 值为 1.6~0.4 μm。

铰孔加工质量较高的原因，除了因为铰孔具有上述扩孔的优点之外，还由于铰刀结构和切削条件比扩孔更为优越，主要是：

（1）铰刀具有修光部分（图3-15），其作用是校准孔径、修光孔壁，从而进一步提高孔的加工质量。

（2）铰孔的余量小（粗铰为 0.15~0.35 mm，精铰为 0.05~0.15 mm），切削力较小；用高速钢铰刀铰孔时的切削速度一般较低（$v_c = 1.5 \sim 10$ m/min），产生的切削热较少。因此，工件的受力变形和受热变形较小，加之为低速切削，可避免积屑瘤的不利影响，使铰孔质量进一步提高。

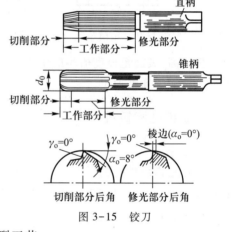

图3-15　铰刀

麻花钻、扩孔钻和铰刀都是标准刀具，市场上比较容易买到。对于中等尺寸以下较精密的孔，在单件小批乃至大批大量生产中，钻—扩—铰都是经常采用的典型工艺。

"钻""扩""铰"只能保证孔本身的精度，而不易保证孔与孔之间的尺寸精度及位置精度。为了解决这一问题，可以利用夹具（如钻模）进行加工，或者采用镗孔。

四、镗孔

用镗刀对已有的孔进行再加工，称为镗孔。对于直径较大的孔（一般 $D > 80 \sim 100$ mm）、内成形面或孔内环槽等，镗削是唯一合适的加工方法。一般镗孔加工精度达 IT8~IT7，加工孔的表面粗糙度 Ra 值为 1.6~0.8 μm；精细镗时，加工精度可达 IT7~IT6，加工孔的表面粗糙度 Ra 值为 0.8~0.2 μm。

镗孔可以在多种机床上进行。回转体零件上的孔多在车床上加工（图3-16a），箱体类零件上的孔或孔系（即要求相互平行或垂直的若干个孔）则常用镗床加工（图3-16b、c）。本节介绍的主要是在镗床上镗孔。

镗刀有单刃镗刀和多刃镗刀之分，由于它们的结构和工作条件不同，它们的工艺特点和应用也有所不同。

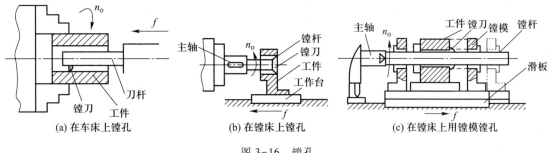

图 3-16　镗孔

1. 单刃镗刀镗孔

单刃镗刀(图 3-17)刀头的结构与车刀类似,用它镗孔时有如下特点:

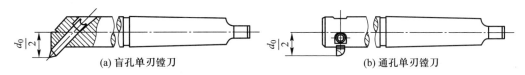

图 3-17　单刃镗刀

(1) 适应性较广,灵活性较大　单刃镗刀结构简单、使用方便,既可粗加工,也可半精加工或精加工。一把镗刀可加工直径不同的孔,孔的尺寸主要由操作来保证,而不像钻孔、扩孔或铰孔那样是由刀具本身尺寸保证的,因此它对工人技术水平的依赖性也较大。

(2) 可以校正原有孔的轴线歪斜或位置偏差　由于镗孔质量主要取决于机床精度和工人的技术水平,所以预加工孔如有轴线歪斜或有不大的位置偏差,利用单刃镗刀镗孔可予以校正。若用扩孔或铰孔则不易做到这一点。

(3) 生产率较低　单刃镗刀的刚度比较低,为了减少镗孔时镗刀的变形和振动,不得不采用较小的切削用量,加之仅有一个主切削刃参加工作,所以其生产率比扩孔或铰孔低。

由于以上特点,单刃镗刀镗孔比较适用于单件小批生产。

2. 多刃镗刀镗孔

在多刃镗刀中,有一种可调浮动镗刀片(图 3-18)。调节镗刀片的尺寸时,先松开螺钉 1,再

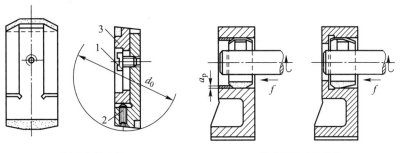

图 3-18　可调浮动镗刀片及其工作情况

旋转螺钉 2,将刀齿 3 的径向尺寸调好后,拧紧螺钉 1 把刀齿 3 固定。镗孔时,镗刀片不是固定在镗杆上,而是插在镗杆的长方孔中,并能在垂直于镗杆轴线的方向上自由滑动,由两个对称的切削刃产生的切削力自动平衡其位置。这种镗孔方法具有如下特点:

(1)加工质量较高 由于镗刀片在加工过程中的浮动,可抵偿刀具安装误差或镗杆偏摆所引起的不良影响,提高了孔的加工精度。较宽的修光刃可修光孔壁,减小加工表面粗糙度值。但是,它与铰孔类似,不能校正原有孔的轴线歪斜或位置偏差。

(2)生产率较高 浮动镗刀片有两个主切削刃同时切削,并且操作简便。

(3)刀具成本较单刃镗刀高 浮动镗刀片结构比单刃镗刀复杂,刃磨费时。

由于以上特点,浮动镗刀片镗孔主要用于批量生产、精加工箱体类零件上直径较大的孔。

另外,在卧式镗床上利用不同的刀具和附件,还可以进行钻孔、车端面、铣平面或车螺纹等(图 3-19)。

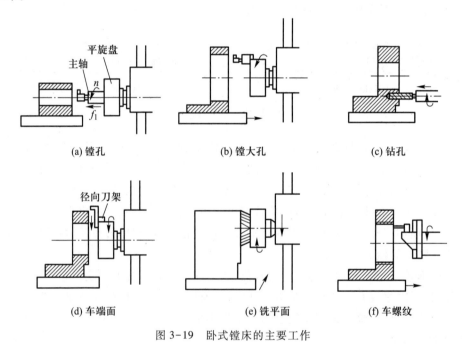

(a) 镗孔　　　　　　　(b) 镗大孔　　　　　　　(c) 钻孔

(d) 车端面　　　　　　(e) 铣平面　　　　　　　(f) 车螺纹

图 3-19　卧式镗床的主要工作

第三节　刨削、拉削的工艺特点及其应用

刨削是平面加工的主要方法之一。常见的刨床类机床有牛头刨床、龙门刨床和插床等,图 3-20 为在牛头刨床上加工平面的示意图。

一、刨削的工艺特点

1. 通用性好

刨床的切削运动和具体加工要求使其结构比车床、铣床简单,价格低,调整和操作也较简便。刨削所用的单刃刨刀与车刀基本相同,形状简单,制造、刃磨和安装皆较方便。

2. 生产率较低

刨削的主运动为往复直线运动,反向运动时受惯性力的影响,加之刀具切入和切出时有冲击,限制了切削速度的提高。单刃刨刀实际参加切削的切削刃长度有限,一个表面往往要经过多次行程才能加工出来,基本工艺时间较长。刨刀返回行程时不进行切削,增加了辅助时间。由于以上原因,刨削的生产率低于铣削。但是对于狭长表面(如导轨、长槽等)的加工,以及在龙门刨床上进行多件或多刀加工时,刨削的生产率可能高于铣削。

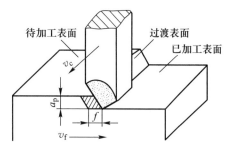

图 3-20　在牛头刨床上加工平面

刨削的加工精度可达 IT8~IT7,加工表面粗糙度 Ra 值为 6.3~1.6 μm。当采用宽刀精刨时,即在龙门刨床上,用宽刃刨刀以很低的切削速度切去工件表面上一层极薄的金属时,加工后工件表面的平面度不大于 0.02/1 000,表面粗糙度 Ra 值可达 0.8~0.4 μm。

二、刨削的应用

由于刨削的特点,刨削主要用在单件小批生产中,在维修车间和模具车间应用较多。

如图 3-21 所示,刨削主要用来加工平面(包括水平面、竖直面和斜面),也广泛用于加工直槽,如直角槽、燕尾槽和 T 形槽等。如果进行适当的调整和增加某些附件,刨削还可以用来加工齿条、齿轮、花键和母线为直线的成形面等。

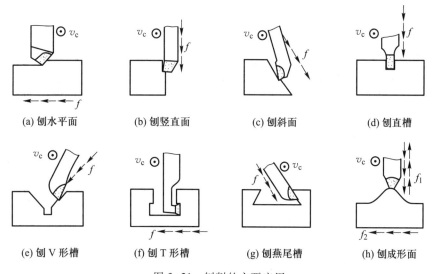

(a) 刨水平面　　(b) 刨竖直面　　(c) 刨斜面　　(d) 刨直槽

(e) 刨 V 形槽　　(f) 刨 T 形槽　　(g) 刨燕尾槽　　(h) 刨成形面

图 3-21　刨削的主要应用

牛头刨床的最大刨削长度一般不超过 1 000 mm,因此只适于加工中小型工件。龙门刨床主要用来加工大型工件,或同时加工多个中小型工件。例如,B236 龙门刨床,最大刨削长度为 20 m,最大刨削宽度为 6.3 m。由于龙门刨床刚度较好,而且有 2~4 个刀架可同时工作,因此加工精度和生产率均比牛头刨床高。

插床又称立式牛头刨床,主要用来加工工件的内表面,如键槽(图 3-22)、花键槽等,也可用于加工多边形孔,如四方孔、六方孔等。插床特别适于加工盲孔或有障碍台肩的内表面。

三、拉削

拉削可以认为是刨削的进一步发展。如图 3-23 所示,它利用多齿的拉刀,逐齿依次从工件上切下很薄的金属层,使表面达到较高的精度和较小的表面粗糙度值。图 3-24 为拉孔的示意图。加工时,若刀具所受的力不是拉力而是推力(图 3-25),则称为推削,所用刀具称为推刀。拉削所用的机床称为拉床,推削则多在压力机上进行。

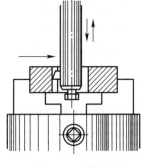

图 3-22 插键槽

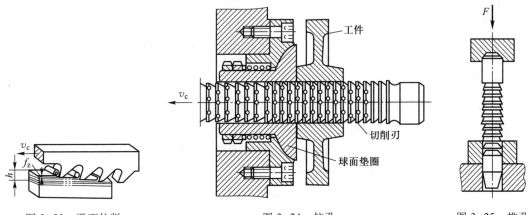

图 3-23 平面拉削　　　　　图 3-24 拉孔　　　　　图 3-25 推孔

与其他加工相比,拉削加工主要具有如下特点:

(1)生产率高 虽然拉削加工的切削速度一般并不高,但由于拉刀是多齿刀具,同时参加工作的刀齿数较多,同时参与切削的切削刃较长,并且在拉刀的一次工作行程中能够完成粗—半精—精加工,大大缩短了基本工艺时间和辅助时间。一般情况下,拉削班产可达 100～800 件,自动拉削时班产可达 3 000 件。

(2)加工精度高、加工表面粗糙度值较小 如图 3-26 所示,拉刀具有校准部分,其作用是校准尺寸,修光表面,并可作为精切齿的后备刀齿。校准刀齿的切削量很小,仅切去工件材料的弹性恢复量。另外,拉削的切削速度较低(目前 $v_c < 18$ m/min),切削过程比较平稳,并可避免积屑瘤的产生。一般拉孔的精度为 IT8～IT7,表面粗糙度 Ra 值为 0.8～0.4 μm。

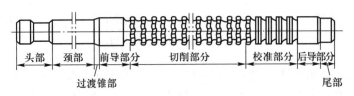

图 3-26 圆孔拉刀

(3)拉床结构和操作比较简单 拉削只有一个主运动,即拉刀的直线运动,进给运动是靠拉刀的后一个刀齿高出前一个刀齿来实现的,相邻刀齿的高出量称为齿升量 f_z(参见图 3-23)。

（4）拉刀价格昂贵 由于拉刀的结构和形状复杂,精度和表面质量要求较高,故制造成本很高。但拉削时切削速度较低,刀具磨损较慢,刃磨一次可以加工数以千计的工件,加之一把拉刀又可以重磨多次,所以拉刀的寿命长。当加工零件的批量大时,分摊到每个零件上的刀具成本并不高。

（5）加工范围较广 内拉削可以加工各种形状的通孔（图 3-27）,例如圆孔、方孔、多边形孔、花键孔和内齿轮等;还可以加工多种形状的沟槽,例如键槽、T 形槽、燕尾槽和涡轮盘上的榫槽等。外拉削可以加工平面、成形面、外齿轮和叶片的榫头等。

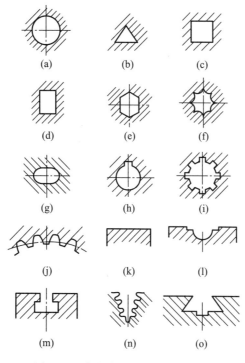

图 3-27 拉削加工的各种表面举例

由于拉削加工具有以上特点,所以主要适用于成批和大量生产,尤其适于在大量生产中加工比较大的复合型面,如发动机的气缸体等。在单件小批生产中,对于某些精度要求较高、形状特殊的成形表面,用其他方法加工很困难时,也有采用拉削加工的。但对于盲孔、深孔、阶梯孔及有障碍的外表面,则不能用拉削加工。

推削加工时,为避免推刀弯曲,其长度比较短（$L/D < 12 \sim 15$）,总的金属切除量较少。所以,推削只适于加工余量较小的各种形状的内表面,或者用来修整工件热处理后（硬度低于 45 HRC）的变形量,其应用范围远不如拉削广泛。

第四节 铣削的工艺特点及其应用

铣削也是平面的主要加工方法之一。铣床的种类很多,常用的是升降台卧式铣床和立式铣床。图 3-28 为在卧式铣床和立式铣床上铣平面的示意图。

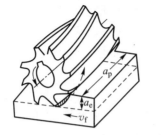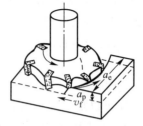

(a) 在卧式铣床上铣平面——周铣　(b) 在立式铣床上铣平面——端铣

图 3-28　铣平面

一、铣削的工艺特点

1. 生产率较高

铣刀是典型的多齿刀具,铣削时有几个刀齿同时参加工作,并且参与切削的切削刃较长;铣削的主运动是铣刀的旋转运动,有利于高速铣削。因此,铣削的生产率比刨削高。

2. 容易产生振动

铣刀的刀齿切入和切出时产生冲击,并将引起同时工作刀齿数的增减。在切削过程中每个刀齿的切削层厚度 h_i 随刀齿位置的不同而变化(图 3-29),引起切削层横截面积变化。因此,在铣削过程中铣削力是变化的,切削过程不平稳,容易产生振动,这就限制了铣削加工质量和生产率的进一步提高。

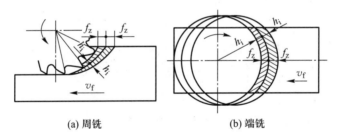

(a) 周铣　　　　　　　　(b) 端铣

图 3-29　铣削时切削层厚度的变化

3. 刀齿散热条件较好

铣刀刀齿在切离工件的一段时间内可以得到一定的冷却,散热条件较好。但是,铣削时切入和切出时热和力的冲击将加速刀具的磨损,甚至可能引起硬质合金刀片的碎裂。

二、铣削方式

同是加工平面,既可以用端铣法,也可以用周铣法;同一种铣削方法,也有不同的铣削方式(顺铣和逆铣等)。在选用铣削方式时,要充分注意它们各自的特点和适用场合,以便保证加工质量和提高生产率。

1. 周铣法

用圆柱铣刀的圆周刀齿加工平面,称为周铣法(图 3-28a),它又可分为逆铣和顺铣(图 3-30)。在切削部位刀齿的旋转方向和工件的进给方向相反时,为逆铣;二者相同时,为顺铣。

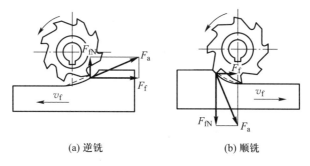

(a) 逆铣　　　　　　　　　(b) 顺铣

图 3-30　逆铣和顺铣

逆铣时,每个刀齿的切削层厚度从零增大到最大值。由于铣刀刃口处总有圆弧存在,而不是绝对尖锐的,所以在刀齿接触工件的初期不能切入工件,而是在工件表面上挤压、滑行,使刀齿与工件之间的摩擦加大,加速刀具磨损,同时也使加工表面质量下降。顺铣时,每个刀齿的切削层厚度由最大减小到零,从而避免了上述缺点。

逆铣时,铣削力上抬工件;而顺铣时,铣削力将工件压向工作台,减少了工件振动的可能性,尤其铣削薄而长的工件时更为有利。

由上述分析可知,从提高刀具耐用度和工件表面质量、增加工件夹持的稳定性等观点出发,一般以采用顺铣法为宜。但是,顺铣时忽大忽小的水平分力 F_f 与工件的进给方向是相同的,工作台进给丝杠与固定螺母之间一般都存在间隙(图 3-31),间隙在进给方向的前方。由于 F_f 的作用,就会使工件连同工作台和进给丝杠一起向前窜动,造成进给量突然增大,甚至引起打刀。而逆铣时,水平分力 F_f 与进给方向相反,铣削过程中工作台进给丝杠始终压向固定螺母,不致因为间隙的存在而引起工件窜动。目前,一般铣床尚没有消除工作台进给丝杠与固定螺母之间间隙的机构,所以在生产中仍多采用逆铣法。

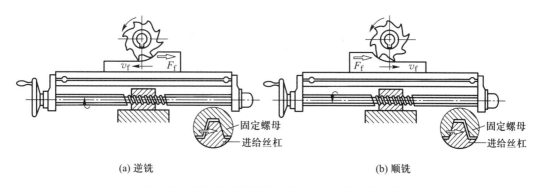

(a) 逆铣　　　　　　　　　　　　　(b) 顺铣

图 3-31　逆铣和顺铣时进给丝杠与固定螺母的间隙

另外,当铣削带有黑皮的表面时,例如铸件或锻件表面的粗加工,若用顺铣法,因刀齿首先接触黑皮,将加剧刀齿的磨损,所以此时也应采用逆铣法。

2. 端铣法

用端铣刀的端面刀齿加工平面,称为端铣法(图 3-28b)。根据铣刀和工件相对位置的不同,端铣法可以分为对称铣削法和不对称铣削法(图 3-32)。

端铣法可以通过调整铣刀和工件的相对位置,调节刀齿切入和切出时的切削层厚度,从而达到改善铣削过程的目的。

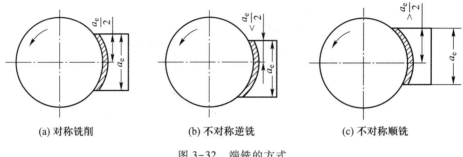

(a) 对称铣削　　　　　　(b) 不对称逆铣　　　　　　(c) 不对称顺铣

图 3-32 端铣的方式

3. 周铣法与端铣法的比较

如图 3-28 所示,周铣时,同时工作的刀齿数与加工余量(相当于 a_e)有关,一般仅有 1~2 个刀齿。而端铣时,同时工作的刀齿数与被加工表面的宽度(也相当于 a_e)有关,而与加工余量(相当于背吃刀量 a_p)无关,即使在精铣时,也有较多的刀齿同时工作。因此,端铣的切削过程比周铣平稳,有利于提高加工质量。

端铣刀的刀齿切入和切出工件时,虽然切削层厚度较小,但不像周铣时切削层厚度变为零,从而改善了刀具后面与工件的摩擦状况,提高了刀具耐用度,并可减小加工表面粗糙度值。此外,端铣时还可利用修光刀齿修光已加工表面,因此端铣可达到较小的加工表面粗糙度值。

端铣刀直接安装在铣床的主轴端部,悬伸长度较小,刀具系统的刚度较好,而周铣的圆柱铣刀安装在细长的刀轴上,刀具系统的刚度远不如端铣。同时,端铣刀可方便地镶装硬质合金刀片,而圆柱铣刀多采用高速钢制造,所以,端铣时可以采用高速铣削,不仅大大提高了生产率,也提高了加工表面的质量。

由于端铣法具有以上优点,所以在平面的铣削中,目前大都采用端铣法。但是,周铣法的适应性较广,可以利用多种形式的铣刀,除加工平面外还可较方便地进行沟槽、齿形和成形面等的加工,生产中仍常采用。

三、铣削的应用

铣削的形式很多,铣刀的类型和形状更是多种多样,再配上附件——分度头、圆形工作台等的应用,致使铣削加工范围较广,主要用来加工平面(包括水平面、垂直面和斜面)、沟槽、成形面和切断等。铣削的加工精度一般可达 IT8~IT7,加工表面粗糙度 Ra 值为 3.2~1.6 μm。

单件小批生产中,加工小、中型工件多用升降台式铣床(分为卧式和立式两种)。加工中、大型工件时可以采用龙门铣床。龙门铣床与龙门刨床相似,有 3~4 个可同时工作的铣头,生产率高,广泛应用于成批和大量生产中。

图 3-33 为铣削各种沟槽的示意图。直角沟槽可以在卧式铣床上用三面刃铣刀加工,也可以在立式铣床上用立铣刀铣削。角度槽用相应的角度铣刀在卧式铣床上加工,T 形槽和燕尾槽常用带柄的专用槽铣刀在立式铣床上铣削。在卧式铣床上还可以用成形铣刀加工成形面和用锯片铣刀切断等。

在单件小批生产中,有些要求不高的盘状成形零件,也可以用立铣刀在立式铣床上加工。如

图 3-34 所示,先在欲加工的工件上按所要的轮廓划线,然后根据所划的线用手动进给进行
铣削。

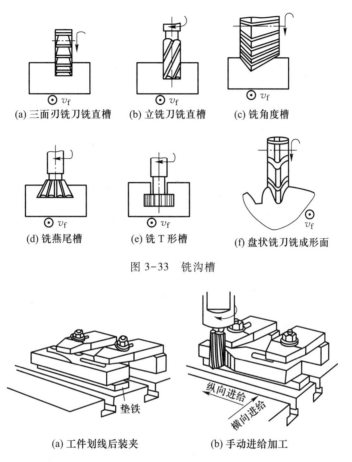

(a) 三面刃铣刀铣直槽　(b) 立铣刀铣直槽　(c) 铣角度槽

(d) 铣燕尾槽　(e) 铣 T 形槽　(f) 盘状铣刀铣成形面

图 3-33　铣沟槽

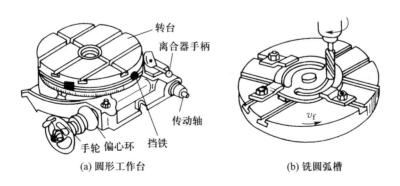

(a) 工件划线后装夹　(b) 手动进给加工

图 3-34　按划线铣成形面

由几段圆弧和直线组成的曲线外形、圆弧外形或圆弧槽等,可以利用圆形工作台在立式铣床
上加工(图 3-35)。

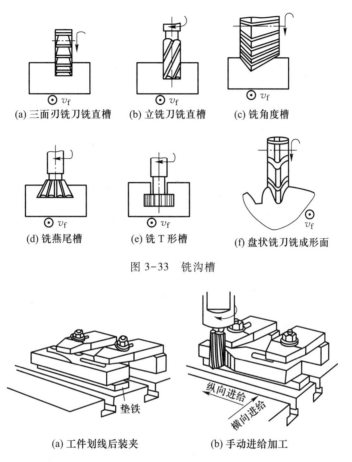

(a) 圆形工作台　(b) 铣圆弧槽

图 3-35　利用圆形工作台在立式铣床上加工圆弧槽

在铣床上,利用分度头可以加工需要等分的工件,例如铣削离合器和齿轮等。

在万能铣床(工作台能在水平面内转动一定角度)上,利用分度头及其与工作台进给丝杠间的交换齿轮,可以加工螺旋槽(图 3-36)。

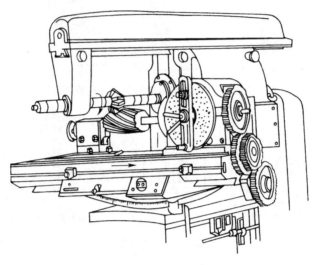

图 3-36 铣螺旋槽

第五节 磨削的工艺特点及其应用

用砂轮或其他磨具加工工件,称为磨削。本节主要讨论用砂轮在磨床上加工工件的工艺特点及其应用。磨床的种类很多,较常见的有外圆磨床、内圆磨床和平面磨床等。

一、砂轮

作为切削工具的砂轮,是由磨料加结合剂用烧结的方法制成的多孔物体(图 3-37)。由于磨料、结合剂及制造工艺等的不同,砂轮特性差别很大,对磨削的加工质量、生产率和经济性有着重要影响。

1. 砂轮的组成要素

砂轮的组成要素包括磨料、粒度、结合剂、硬度、组织以及形状和尺寸等。

(1)磨料 目前生产中应用的主要是人造磨料,国家标准中规定,磨料分为固结磨具磨料(F 系列)和涂附磨具磨料(P 系列),这里仅简要介绍固结磨具磨料。表 3-1 中磨料部分列出了常用磨料的名称、代号、性能和应用范围。

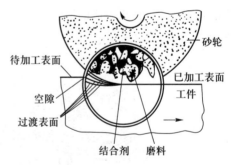

图 3-37 砂轮及磨削示意图

(2)粒度 粒度反映了磨粒的大小,国家标准中规定粒度的表示方法为:磨粒 F4～F220(用筛分法区分,F 后面的数字大致为每英寸筛网长度上筛孔的数目);微粉 F230～F2000(用沉降法,主要用光电沉降仪区分)。各种粒度磨料的应用范围见表 3-1。

表 3-1　砂轮要素、代号、性能和适用范围

磨料（磨粒）

系别	名称	代号	性能	应用
刚玉	棕刚玉	A	棕褐色，硬度较低，韧性较好	磨削碳钢、合金钢、可锻铸铁与青铜
刚玉	白刚玉	WA	白色，较A硬度高，磨粒锋利，韧性比WA好	磨削淬硬的高碳钢、合金钢、高速钢、成形零件
刚玉	铬刚玉	PA	玫瑰红色，韧性比WA好	磨削高速钢、不锈钢、成形磨削、刃磨刀具、磨削薄壁零件，表面质量磨削
碳化物	黑碳化硅	C	黑色带光泽，比刚玉类硬度高，导热性好，但韧性差	磨削铸铁、黄铜、耐火材料及其他非金属材料
碳化物	绿碳化硅	GC	绿色带光泽，较C硬度高，导热性好，韧性较差	磨削硬质合金、宝石、光学玻璃
超硬磨料	人造金刚石	MBD、RVD、SCD和M-SD等	白色、淡绿、黑色，硬度最高，耐热性较差	磨削硬质合金、光学玻璃、花岗岩、大理石、宝石，陶瓷等高硬度材料
超硬磨料	立方氮化硼	CBN、M-CBN等	棕黑色，硬度仅次于MBD，韧性较MBD等好	磨削高性能高速钢、不锈钢、耐热钢及其他难加工材料

粒度

类别		代号	特性	应用
磨粒	粗粒	F4、F5、F6、F8、F10、F12、F14、F16、F20、F22、F24		荒磨
磨粒	中粒	F30、F36、F40、F46、F54、F60		一般磨削。加工表面粗糙度 Ra 值可达0.8 μm
磨粒	细粒	F70、F80、F90、F100、F120、F150、F180、F220	强度较高，但较脆	半精磨、精磨、成形磨削、超精磨、刃磨刀具，加工表面粗糙度 Ra 值可达0.8~0.05 μm
微粉		F230、F240、F280、F320、F360、F400、F500、F600、F800、F1000、F1200、F1500、F2000		精磨、超精磨、珩磨、螺纹磨、超精密磨、镜面磨、精研，加工表面粗糙度 Ra 值为0.05~0.01 μm

结合剂（种类）

名称	代号	特性	应用
陶瓷	V	耐热、耐油、耐酸、耐碱	除薄片砂轮外，能磨削成各种砂轮
树脂	B	强度高，富有弹性，具有一定抛光作用，耐热性差，不耐酸碱	荒磨砂轮、磨窄槽、切断用砂轮、高速砂轮、镜面砂轮
橡胶	R	强度更高，弹性更好，抛光作用好，耐热性差，不耐油和酸，易堵塞	磨削轴承沟道砂轮、无心磨导轮、切割薄片砂、抛光砂轮

硬度

等级	极软			很软				软			中级			硬				很硬	极硬
代号	A	B	C	D	E	F	G	H	J	K	L	M	N	P	Q	R	S	T	Y

应用：磨未淬硬钢选用L~N，磨淬火合金钢选用H~K，高表面质量磨削时选用K~L，刃磨硬质合金刀具适用H-J

组织

组织号	0	1	2	3	4	5	6	7	8	9	10	11	12	13	14
磨粒率%	62	60	58	56	54	52	50	48	46	44	42	40	38	36	34

应用：成形磨削、精密磨削 ｜ 磨削淬火钢、刃磨刀具 ｜ 磨削硬度不高的韧性材料 ｜ 磨削热敏性高的材料

结构关系：砂轮 → 磨粒（磨料、粒度）、结合剂（种类、硬度、组织）

（3）结合剂 结合剂是把磨粒固结成磨具的材料。它的性能决定了磨具的强度、硬度、耐冲击性和耐热性，对磨削温度和表面质量也有一定影响。常用结合剂的种类、代号、特性和应用范围见表 3-1。

（4）硬度 砂轮的硬度与一般材料的硬度概念不同，它是指磨粒在外力作用下从砂轮表面脱落的难易程度。如磨粒不易脱落，则砂轮硬；如磨粒容易脱落，则砂轮软。砂轮的硬度反映了磨粒固结的牢固程度。砂轮硬度的等级、代号及应用见表 3-1。

（5）组织 砂轮的组织表示砂轮的疏密程度，它反映了砂轮中磨粒、结合剂和气孔之间的体积比例。依据磨粒在砂轮中的体积分数（称为磨粒率）的不同，可分为 0~14 组织号，具体砂轮组织号和应用见表 3-1。

（6）形状和尺寸 为了满足不同磨削加工的需要，砂轮有不同形状和尺寸。表 3-2 摘录了常用砂轮的形状、代号及主要用途。

表 3-2 常用砂轮的形状、代号及主要用途

代号	名 称	断面形状	形状尺寸标记	主要用途
1	平形砂轮		1 型-圆周型面-$D \times T \times H$	磨外圆、内孔、平面及刃磨刀具
2	筒形砂轮		2 型-$D \times T \times W$	端磨平面
4	双斜边砂轮		4 型-$D \times T/U \times H$	磨齿轮及螺纹
6	杯形砂轮		6 型-$D \times T \times H-W \times E$	端磨平面，刃磨刀具后面
11	碗形砂轮		11 型-$D/J \times T \times H-W \times E$	端磨平面，刃磨刀具后面

续表

代号	名　称	断面形状	形状尺寸标记	主要用途
12a	碟形砂轮	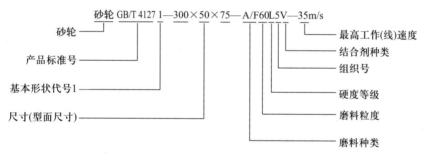	12a 型 $-D/J×T×H$	刃磨刀具前面
41	平行切割砂轮		41 型 $-D×T×H$	切断及磨槽

注：▼所指表示基本工作表面。

2. 砂轮的标志

砂轮要素及允许的最高工作（线）速度印在砂轮的端面上，构成砂轮的标志，其顺序是：形状代号—尺寸—磨料种类、粒度、硬度等级、组织号、结合剂种类—允许的最高工作（线）速度。例如：

砂轮 GB/T 4127 1—300×50×75—A/F60L5V—35m/s

砂轮
产品标准号
基本形状代号1
尺寸（型面尺寸）
磨料种类
磨料粒度
硬度等级
组织号
结合剂种类
最高工作（线）速度

3. 超硬磨料砂轮

超硬磨料砂轮是指人造金刚石砂轮和立方氮化硼砂轮。

碗形超硬磨料砂轮的构造如图 3-38 所示。磨料层由磨粒和结合剂组成，厚度一般为 1.5～5 mm，起磨削作用。基体支承磨料层并通过它将砂轮安装在磨头主轴上，基体常用铝、钢、铜或胶木等制造。

人造金刚石磨料适用于高硬度脆性材料的加工，如硬质合金、花岗岩、大理石、宝石、光学玻璃和陶瓷等的加工。由于金刚石磨料与铁元素的亲和力较强，故不适于磨削铁族金属。

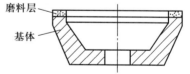

图 3-38　碗形超硬磨料砂轮的构造

立方氮化硼磨料不仅适于加工上述硬脆材料，还适于加工高硬度、高韧度的钢材，如高钒高速钢和耐热合金等。

超硬磨料砂轮常用的结合剂有金属（代号 M，多用青铜）、树脂和陶瓷。金属结合剂的砂轮结合强度高，耐磨性好，能承受较大负荷，故适于粗磨和成形磨削，也可用于超精密磨削。但是金属结合剂砂轮的自锐性较差，容易堵塞，因此应经常修整。树脂和陶瓷结合剂的砂轮适于半精磨、精磨和抛光等。

超硬磨料砂轮中磨料的含量用浓度表示，每立方厘米磨料层体积中含有 4.39 克拉（1 克拉 =

0.2 g)磨料时,磨料浓度为 100%,含有 2.2 克拉磨料时,磨料浓度为 50%,依此类推。常用的磨料浓度有 150%、100%、75%、50% 和 25% 5 种,高磨料浓度的砂轮适用于粗磨、小面积磨削和成形磨削;低磨料浓度的砂轮适用于精磨和大面积磨削。青铜结合剂砂轮的浓度常为 100% 和 150%,树脂结合剂砂轮的浓度常为 50% 和 75%。

GB/T 6409.1—1994 规定平形超硬磨料砂轮的标志如下:

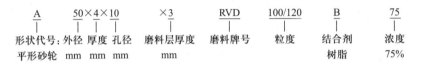

二、磨削过程

从本质上讲,磨削也是一种切削,砂轮表面上的每个磨粒,可以近似地看成一个微小刀齿,突出的磨粒尖棱可以认为是微小的切削刃。因此,砂轮可以看作是具有极多微小刀齿的铣刀,这些刀齿随机地排列在砂轮表面上,它们的几何形状和切削角度有很大差异,各自的工作情况相差甚远。磨削时,比较锋利且比较凸出的磨粒可以获得较大的切削层厚度,从而切下切屑(图 3-39);不太凸出或磨钝的磨粒,只是在工件表面上刻划出细小的沟痕,工件材料则被挤向磨粒两旁,在沟痕两边形成隆起(图 3-39);凹下的磨粒既不切削也不刻划工件,只是从工件表面滑擦而过。即使比较锋利且凸出的磨粒,其切削过程大致也可分为三个阶段(图 3-39)。在第一阶段,磨粒仅在工件表面滑擦,只有弹性变形而无切屑;第二阶段,磨粒切入工件表层,刻划出沟痕并形成隆起(材料滑移两侧推高隆起);第三阶段,切削层厚度增大到某一临界值,切下切屑。

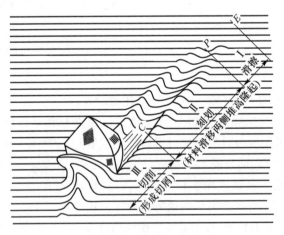

图 3-39 磨粒切削过程

由上述分析可知,砂轮的磨削过程,实际上就是切削、刻划和滑擦三种作用的综合。由于各磨粒的工作情况不同,磨削时除了产生正常的切屑外,还有金属微尘等。

磨削过程中,磨粒在高速、高压与高温的作用下,将逐渐磨损而变得圆钝。圆钝的磨粒切削能力下降,作用于磨粒上的力不断增大。当此力超过磨粒强度极限时,磨粒就会破碎,产生新的较锋利的棱角,代替旧的圆钝磨粒进行磨削;此力超过砂轮结合剂的黏结力时,圆钝的磨粒就会从砂轮表面脱落,露出一层新鲜锋利的磨粒,继续进行磨削。砂轮的这种自行推陈出新、保持自身锋锐的性能,称为"自锐性"。

砂轮本身虽有自锐性,但由于切屑和碎磨粒会把砂轮堵塞,使它失去切削能力;磨粒随机脱落的不均匀性会使砂轮失去外形精度。所以,为了恢复砂轮的切削能力和外形精度,在磨削一定时间后,仍需对砂轮进行修整。

三、磨削的工艺特点

1. 加工精度高、表面粗糙度值小

磨削时,砂轮表面有极多的切削刃,并且刃口圆弧半径 r_n 较小。例如,粒度为 F46 的白刚玉磨粒 $r_n \approx 0.006 \sim 0.012$ mm,而一般车刀和铣刀的 $r_n \approx 0.012 \sim 0.032$ mm。磨粒上较锋利的切削刃能够切下一层很薄的金属,切削厚度可以小到数微米,这是精密加工必须具备的条件之一。一般切削刀具的刃口圆弧半径虽也可磨得小些,但不耐用,不能或难以进行经济的、稳定的精密加工。

磨削所用的磨床比一般切削加工机床精度高,刚度及稳定性较好,并且具有微量进给的机构(表 3-3),可以进行微量切削,从而保证了精密加工的实现。

表 3-3　不同机床微量进给机构的刻度值

机床名称	立式铣床	车　　床	平面磨床	外圆磨床	精密外圆磨床	内圆磨床
刻度值/mm	0.05	0.02	0.01	0.005	0.002	0.002

磨削时切削速度很高,如普通外圆面磨削 $v_c \approx 30 \sim 35$ m/s,高速磨削 $v_c > 50$ m/s。当磨粒以很高的切削速度从工件表面切过时,同时有很多切削刃进行切削,每个磨削切削刃仅从工件上切下极少量的金属,加工表面残留面积高度很小,有利于形成光洁的表面。

因此,磨削可以达到高的精度和小的加工表面粗糙度值。一般磨削精度可达 IT7 ~ IT6,加工表面粗糙度 Ra 值为 $0.8 \sim 0.2$ μm,当采用小粗糙度磨削时,加工表面粗糙度 Ra 值可达 $0.1 \sim 0.008$ μm。

2. 砂轮有自锐作用

磨削过程中,砂轮的自锐作用是其他切削刀具所没有的。一般刀具的切削刃,如果磨钝或损坏,则切削不能继续进行,必须换刀或重磨。而砂轮由于本身的自锐性,使得磨粒能够以较锋利的刃口对工件进行切削。实际生产中,有时就利用这一原理进行强力连续磨削,以提高磨削加工的生产率。

3. 背向磨削力 F_p 较大

与车削外圆时切削力的分解类似,磨削外圆面时总磨削力 F 也可以分解为三个互相垂直的分力(图 3-40),其中 F_c 称为磨削力,F_p 称为背向磨削力,F_f 称为进给磨削力。在一般切削加工中,切削力 F_c 较大。而在磨削时,由于背吃刀量较小,砂轮与工件表面接触的宽度较大,致使背向磨削力 F_p 大于磨削力 F_c。一般情况下,$F_p = (1.5 \sim 3)F_c$,工件材料的塑性越小,F_p/F_c 之值越大(表 3-4)。

背向磨削力作用在工艺系统(机床-夹具-工件-刀具所组成的系统)刚度较差的方向上,容易使工艺系统产生变形,影响工件的加工精度。例如纵磨细长轴的外圆时,工件由于弯曲而产生腰鼓形(图 3-41)。另外,由于工艺系统的变形,会使实际的背吃刀量比名义值小,这将增加磨削

加工的走刀次数。一般在最后几次光磨走刀中,要少吃刀或不吃刀,以便逐步消除由于变形而产生的加工误差。但是,这样将降低磨削加工的效率。

表 3-4　磨削不同材料时 F_p/F_c 之值

工件材料	碳　钢	淬　硬　钢	铸　铁
F_p/F_c	1.6~1.8	1.9~2.6	2.7~3.2

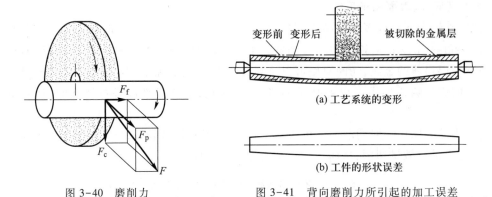

图 3-40　磨削力　　　　图 3-41　背向磨削力所引起的加工误差

4. 磨削温度高

磨削时的切削速度为一般切削加工的 10~20 倍。在这样高的切削速度下,加上磨粒多为负前角切削,挤压和摩擦较严重,消耗功率大,产生的切削热多。又因为砂轮本身的传热性很差,大量的磨削热在短时间内传散不出去,在磨削区形成瞬时高温,有时温度高达 800~1 000 ℃。

高的磨削温度容易烧伤工件表面,使淬火钢件表面退火,硬度降低。即使由于切削液的浇注可能发生淬火钢表面二次淬火,但会在工件表层产生拉应力及微裂纹,降低零件的表面质量和使用寿命。

高温下,工件材料将变软而容易堵塞砂轮,这不仅影响砂轮的耐用度,也影响工件的表面质量。

因此,在磨削过程中,应采用大量的切削液。磨削时加注切削液,除了起冷却和润滑作用之外,还可以起到冲洗砂轮的作用。切削液将细碎的切屑以及碎裂或脱落的磨粒冲走,避免砂轮堵塞,可有效地提高工件的表面质量和砂轮的耐用度。

磨削钢件时,广泛应用的切削液是苏打水或乳化液。磨削铸铁、青铜等脆性材料时,一般不加切削液,而用吸尘器清除尘屑。

四、磨削的应用和发展

过去磨削一般常用于半精加工和精加工,随着机械制造业的发展,磨床、砂轮、磨削工艺和冷却技术等都有了较大的改进,磨削已能经济地、高效地切除大量金属。又由于日益广泛地采用精密铸造、模锻、精密冷轧等先进的毛坯制造工艺,毛坯的加工余量较小,可不经车削、铣削等粗加工,直接利用磨削加工,达到较高的加工精度和加工表面质量要求。因此,磨削加工获得了越来越广泛的应用和迅速发展。

磨削可以加工的工件材料范围很广,既可以加工铸铁、碳钢、合金钢等一般结构材料,也能够加工高硬度的淬硬钢、硬质合金、陶瓷和玻璃等难切削的材料。但是,磨削不宜精加工塑性较大的有色金属工件。

磨削可以加工外圆面、内孔、平面、成形面、螺纹和齿轮齿形等各种各样的表面,还常用于各种刀具的刃磨。

1. 外圆磨削

外圆磨削一般在普通外圆磨床或万能外圆磨床上进行。

(1)在外圆磨床上磨外圆面(图3-42) 磨削时,轴类工件常用顶尖装夹,其方法与车削时基本相同,但磨床所用顶尖都是死顶尖,不随工件一起转动。盘套类工件则利用心轴和顶尖安装。磨削方法分为:

1)纵磨法(图3-42a) 砂轮高速旋转为主运动,工件旋转并与磨床工作台一起的往复直线运动分别为圆周进给运动和纵向进给运动;每当工件一次往复行程终了时,砂轮作周期性横向进给运动。每次磨削量很小,磨削余量是在多次往复行程中切除的。

由于纵磨时每次磨削量小,所以磨削力小,产生的热量少,散热条件较好。同时,纵磨中还可以利用最后几次无横向进给运动的光磨行程进行精磨,因此加工精度和加工表面质量较高。此外,纵磨法具有较大的适应性,可以用一个砂轮加工不同长度的工件。但是,它的生产率较低,广泛用于单件小批生产及精磨,特别适用于细长轴的磨削。

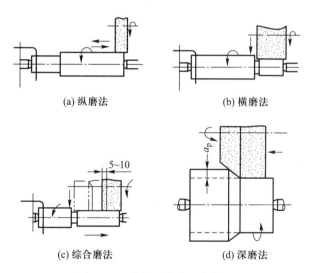

图 3-42 在外圆磨床上磨外圆

2)横磨法(图3-42b) 又称切入磨法,工件不作纵向移动,而由砂轮以慢速作连续的横向进给运动,直至磨去全部磨削余量。

横磨法生产率高,适用于成批及大量生产,只要将砂轮修整成形,工件上的成形表面就可直接磨出,较为简便。但是,横磨时工件与砂轮接触面积大,磨削力较大,发热量大,磨削温度高,工件易发生变形和烧伤,适于加工表面不太宽且刚性较好的工件。

3)综合磨法(图3-42c) 先用横磨法将工件表面分段进行粗磨,相邻两段间有 5~10 mm 的搭接,工件上留下 0.01~0.03 mm 的余量,然后用纵磨法进行精磨。此法综合了横磨法和纵磨法的优点。

4）深磨法（图 3-42d）　磨削时用较小的纵向进给量（一般取 1~2 mm/r）、较大的背吃刀量（一般为 0.3 mm 左右），在一次行程中切除全部余量，生产率较高。采用深磨法需要把砂轮前端修整成锥面进行粗磨，直径大的圆柱部分起精磨和修光作用，应修整得精细一些。深磨法只适用于大批大量生产中加工刚度较大的工件，且被加工表面两端要有较大的距离，允许砂轮切入和切出。

（2）在无心外圆磨床上磨外圆（图 3-43）　磨削时，工件放在两个砂轮之间，下方用托板托住，不用顶尖支持，所以称为"无心磨"。两个砂轮中，较小的一个砂轮是用橡胶结合剂做的，磨粒较粗，称为导轮；另一个砂轮是用来磨削工件的砂轮，称为磨削轮。导轮轴线相对于砂轮轴线倾斜一角度 α（1°~5°），以比磨削轮低得多的速度转动，靠摩擦力带动工件旋转。导轮与工件接触点的线速度 $v_导$ 可以分解为两个分速度：一个是沿工件圆周切线方向的 $v_工$，另一个是沿工件轴线方向的 $v_通$。因此，工件一方面旋转作圆周进给运动，另一方面作轴向进给运动。为了使工件与导轮能保持线接触，应当将导轮的圆周表面修整成双曲面。

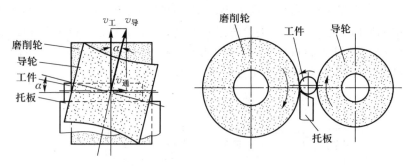

图 3-43　无心外圆磨削示意图

无心外圆磨削时，工件两端不需预先打中心孔，安装也比较方便；机床调整好之后，可连续进行磨削，易于实现自动化，生产率较高。工件被夹持在两个砂轮之间，不会因背向磨削力而被顶弯，有利于保证工件的直线性，尤其是对于细长轴类零件的磨削，此优点更为突出。但是，无心外圆磨削要求工件的外圆面在圆周上必须是连续的，如果圆柱表面上有较长的键槽或平面等，导轮将无法带动工件连续旋转，故不能磨削。又因为工件被托在托板上，依靠本身的外圆面定位，若磨削带孔的工件，则不能保证外圆面与孔的同轴度。另外，无心外圆磨床的调整比较复杂。因此，无心外圆磨削主要适用于大批大量生产销轴类零件，特别适合于磨削细长的光轴。如果采用切入磨法，也可以加工阶梯轴、锥面和成形面（图 3-44）等。

(a) 磨阶梯轴　　　　　(b) 磨锥面　　　　　(c) 磨成形面

图 3-44　无心外圆磨削的应用

2. 孔的磨削

孔的磨削可以在内圆磨床上进行,也可以在万能外圆磨床上进行。目前应用的内圆磨床多是卡盘式的,它可以加工圆柱孔、圆锥孔和成形内圆面等。纵磨圆柱孔时,工件安装在卡盘上(图3-45),工件在旋转的同时,沿轴向作往复直线运动(即纵向进给运动)。装在砂轮架上的砂轮高速旋转,并在工件往复行程终了时作周期性的横向进给运动。若磨圆锥孔,只需将磨床的头架在水平方向偏转半个锥角即可。

与外圆面磨削类似,内圆面磨削也可以分为纵磨法和横磨法。鉴于砂轮轴的刚度很差,横磨法仅适用于磨削短孔及内成形面。因为内圆磨削更难以采用深磨法,所以多数情况下采用纵磨法进行内圆磨削。

磨孔与铰孔或拉孔比较,有如下特点:

(1)可以磨削淬硬的工件孔;

(2)不仅能保证孔本身的尺寸精度和表面质量,还可以提高孔的位置精度和轴线的直线度;

(3)用同一个砂轮可以磨削不同直径的孔,灵活性较大;

(4)生产率比铰孔低,比拉孔更低。

磨孔与磨外圆面比较,存在如下主要问题:

(1)加工表面粗糙度值较大 受工件孔径限制,磨孔时砂轮直径一般较小,磨头转速又不可能太高(一般低于20 000 r/min),故磨孔时的磨削速度较磨外圆时低。加上砂轮与工件接触面积大,切削液不易进入磨削区,所以磨孔的表面粗糙度值较磨外圆时大。

(2)生产率较低 磨孔时,砂轮轴细、悬伸长,刚度很差,不宜采用较大的背吃刀量和进给量,故生产率较低。由于砂轮直径小,为维持一定的磨削速度转速要高,增加了单位时间内磨粒的切削次数,磨粒磨损快;磨削力小,降低了砂轮的自锐性,且易堵塞。因此,需要经常修整砂轮和更换砂轮,增加了辅助时间,使磨孔的生产率进一步降低。

由于以上的原因,磨孔一般仅用于淬硬工件孔的精加工,如滑移齿轮、轴承环以及刀具上的孔等。但是,磨孔的适应性较好,不仅可以磨通孔,还可以磨削阶梯孔和盲孔等,因而在单件小批生产中应用较多,特别是对于非标准尺寸的孔,其精加工用磨削更为合适。

大批大量生产中,精加工短工件上要求与外圆面同轴的孔时,也可以采用无心磨削法(图3-46)。

3. 平面磨削

与平面铣削类似,平面磨削可以分为周磨和端磨两种方式。周磨是利用砂轮的外圆面进行磨削(图3-47a、b),端磨则是利用砂轮的端面进行磨削(图3-47c、d)。

周磨平面时,砂轮与工件的接触面积小,散热、冷却和排屑情况较好,加工质量较高。端磨平面时,磨头伸出长度较短,刚度较好,允许采用较大的磨削用量,生产率较高。但是,砂轮与工件的接触面积较大,发热量多,冷却较困难,加工质量较低。

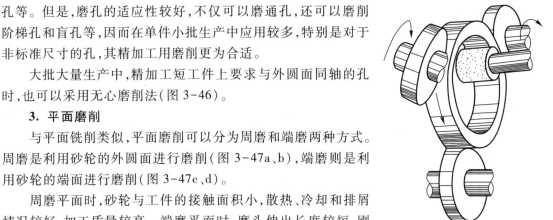

图3-46 无心磨削轴承环内孔的示意图

所以,周磨多用于加工质量要求较高的工件,而端磨适用于加工要求不是很高的工件,或者代替铣削作为精磨前的预加工。

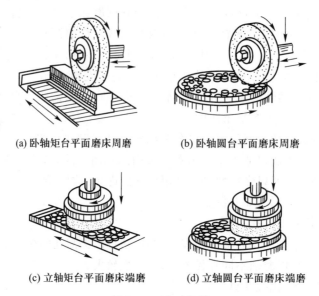

(a) 卧轴矩台平面磨床周磨　　　　(b) 卧轴圆台平面磨床周磨

(c) 立轴矩台平面磨床端磨　　　　(d) 立轴圆台平面磨床端磨

图 3-47　平面磨削

　　周磨平面用卧轴平面磨床,端磨平面用立轴平面磨床,它们都有矩形工作台(简称矩台)和圆形工作台(简称圆台)两种形式。卧轴矩台平面磨床适用性好,应用最广;立轴矩台平面磨床多用于粗磨大型工件或同时加工多个中小型工件。圆台平面磨床则多用于成批大量生产小型零件,如活塞环、轴承环等。

　　磨削铁磁性工件(钢、铸铁等)时,多利用电磁吸盘将工件吸住,装卸很方便。对于某些不允许带有磁性的零件,磨完平面后应对零件进行退磁处理。因此,平面磨床附有退磁器,可以方便地将工件的磁性退掉。

4. 磨削发展简介

　　近年来,磨削正朝着两个方向发展:一是高精度、小表面粗糙度值磨削,另一个是高效磨削。

　　(1) 高精度、小表面粗糙度值磨削　它包括精密磨削(加工表面粗糙度 Ra 值为 $0.1 \sim 0.05\ \mu m$)、超精磨削(加工表面粗糙度 Ra 值为 $0.025 \sim 0.012\ \mu m$)和镜面磨削(加工表面粗糙度 Ra 值为 $0.008\ \mu m$ 以下),可以代替研磨,以便节省工时和减轻劳动强度。

　　进行高精度、小表面粗糙度值磨削时,除对磨床精度和运动平稳性有较高要求外,还要合理选用工艺参数,对所用砂轮要经过精细修整,以保证砂轮表面的磨粒具有等高性很好的微刃(图 3-48)。磨削时,磨粒的

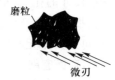

图 3-48　磨粒的微刃

微刃在工件表面上切下微细切屑,同时在适当的磨削压力下,借助半钝状态的微刃对工件表面产生摩擦抛光作用,从而获得加工表面高的精度和小的表面粗糙度值。

　　(2) 高效磨削　包括高速磨削、强力磨削和砂带磨削,其主要目标是提高生产率。

　　高速磨削是指磨削速度 v_c(即砂轮线速度 v_s)≥50 m/s 的磨削加工。高效磨削时即使维持与普通磨削相同的进给量,也会因相应提高工件速度而提高金属切除率,使生产率提高。由于磨削速度高,单位时间内通过磨削区的磨粒数增多,每个磨粒的切削层厚度将变薄,切削负荷减小,

砂轮的耐用度可显著提高。由于每个磨粒的切削层厚度小,工件表面残留面积的高度小,并且高速磨削时磨粒刻划作用所形成的隆起高度也小,因此磨削表面的粗糙度值较小。高速磨削的背向力 F_p 将相应减小,有利于保证工件(特别是刚度差的工件)的加工精度。

强力磨削就是以大的背吃刀量(可达十几毫米)和小的纵向进给速度(相当于普通磨削的 $1/100 \sim 1/10$)进行磨削,又称缓进深切磨削或深磨。强力磨削适用于加工各种成形面和沟槽,特别能有效地磨削难加工材料(如耐热合金等)。它可以从铸件、锻件毛坯直接磨出合乎要求的零件,生产率大大提高。

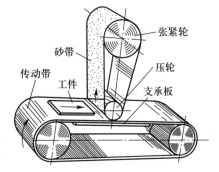

图 3-49　砂带磨削

高速磨削和强力磨削都对机床、砂轮及冷却方式提出了较高的要求。

砂带磨削(图 3-49)是 20 世纪 60 年代以来发展极为迅速的一种磨削方法。砂带磨削的设备一般都比较简单。砂带回转为主运动,工件由传送带带动作进给运动,工件经过支承板上方的磨削区即完成加工。砂带磨削的生产率高,加工质量好,能较方便地磨削复杂型面,因而成为磨削加工的发展方向之一,其应用范围越来越广。

复　习　题

1. 车床适于加工何种表面?为什么?

2. 一般情况下,车削的切削过程为什么比刨削、铣削等平稳?切削过程的平稳性对加工有何影响?

3. 卧式车床、立式车床、转塔车床和自动车床各适用于什么场合?加工何种零件?

4. 用标准麻花钻钻孔,为什么加工的孔精度低且表面粗糙?

5. 何谓钻孔时的"引偏"?试举出几种减小引偏的措施。

6. 台式钻床、立式钻床和摇臂钻床各适用于什么场合?

7. 扩孔和铰孔为什么能使加工的孔达到较高的精度和较小的表面粗糙度值?

8. 与钻孔、扩孔、铰孔比较,镗孔有何特点?

9. 镗床镗孔与车床镗孔有何不同?各适用于什么场合?

10. 一般情况下,刨削的生产率为什么比铣削低?

11. 拉削加工有哪些特点?适用于何种场合?

12. 用周铣法铣平面时,从理论上分析,顺铣比逆铣有哪些优点?实际生产中目前多采用哪种铣削方式?为什么?

13. 成批和大量生产中,铣削平面常采用端铣法还是周铣法?为什么?

14. 铣削为什么比其他加工方法容易产生振动?

15. 普通砂轮有哪些要素?各以什么代号表示?

16. 熟悉砂轮标志的表示方法。说明下列标志的意义:

1)1 型-圆周型面—400×50×203—WAF60K5V—35 m/s;

2)11 型—150/120×35×32—10,20,100—GCF46J5B—50 m/s。

17. 超硬磨料砂轮在结构上与普通砂轮有何不同?超硬磨料砂轮的浓度指的是什么?高浓度砂轮和低浓度砂轮各适用于何种加工?

18. 既然砂轮在磨削过程中有自锐作用,为什么还要对砂轮进行修整?

19. 磨削为什么能够达到较高的加工精度和较小的加工表面粗糙度值？

20. 加注切削液对于磨削比对于一般切削加工更为重要，为什么？

21. 磨孔远不如磨外圆面应用广泛，为什么？

22. 磨平面有哪几种常见方式？

思考和练习题

3-1 加工精度要求高、表面粗糙度值小的紫铜或铝合金轴件外圆面时，应选用哪种加工方法？为什么？

3-2 在车床上钻孔或在钻床上钻孔，由于钻头弯曲都会产生"引偏"，它们对所加工的孔有何不同影响？在随后的精加工中，哪一种引偏比较容易纠正？为什么？

3-3 若用周铣法铣削带黑皮的铸件或锻件上的平面，为减少刀具磨损，应采用顺铣还是逆铣？为什么？

3-4 拉削加工的质量好、生产率高，为什么在单件小批生产中却不宜采用拉削加工？

3-5 磨孔和磨平面时，由于背向力 F_p 的作用，可能产生什么样的形状误差？为什么？

3-6 用无心磨削法磨削带孔工件的外圆面，为什么不能保证它们之间同轴度的要求？

第四章　精密加工、特种加工和数控加工简介

随着生产和科学技术的发展,许多工业部门,尤其是国防、航天、电子等工业,要求产品向高精度、高速度、大功率、耐高温、耐高压、小型化等方向发展,产品零件所使用的材料愈来愈难加工,零件形状和结构愈来愈复杂,要求零件的精度愈来愈高,表面粗糙度值愈来愈小,常用的、传统的加工方法已不能满足这些需要,便创造和发展了一些精密加工和特种加工方法。为适应多品种、中小批量生产与产品试制等的需要,数控加工的普及和发展很快。本章仅简要介绍这些先进加工方法的原理、特点和应用。

第一节　精整和光整加工

精整加工是生产中常用的精密加工,它是指在精加工之后从工件上切除很薄的材料层,以提高工件精度和减小加工表面粗糙度值为目的的加工方法,如研磨和珩磨等。光整加工是指不切除材料或从工件上切除极薄材料层,以减小工件表面粗糙度值为目的的加工方法,如超级光磨①和抛光等。

一、研磨

1. 加工原理

研磨是在研具与工件之间放置研磨剂,对工件表面进行精整加工的方法。研磨时,研具在一定压力作用下与工件表面之间作复杂的相对运动,通过研磨剂的机械及化学作用,从工件表面上切除很薄的一层材料,从而达到很高的加工精度和很小的加工表面粗糙度值。

研具的材料应比工件材料软,以便部分磨粒在研磨过程中能嵌入研具表面,对工件表面进行擦磨。研具可以用铸铁、软钢、黄铜、塑料或硬木制造,但最常用的研具是铸铁研具。因为它适于加工各种材料,并能较好地保证研磨质量和生产率,成本也比较低。

研磨剂由磨料、研磨液和辅助填料等混合而成,有液态、膏状和固态三种,以适应不同的加工需要。磨料主要起机械切削作用,是由游离分散的磨粒作自由滑动、滚动和冲击来完成切削工作的。常用的磨料有刚玉、碳化硅等,其粒度在粗研时为 F240～F400,精研时为 F400 以下。研磨液主要起冷却和润滑作用,并能使磨粒较均匀地分布在研具表面。常用的研磨液有煤油、汽油、机油等。辅助填料可以使金属表面产生极薄的、较软的化合物薄膜,以便工件表面凸峰容易被磨粒切除,提高研磨效率和加工表面质量。最常用的辅助填料是硬脂酸、油酸等化学活性物质。

研具与工件之间作复杂的相对运动,使每颗磨粒几乎都不会在工件表面上重复运动轨迹。

---

① 有的资料称超精加工,为避免与超精密加工混淆,这里称为超级光磨。

这就有可能保证均匀地切除工件表面上的凸峰,获得很小的加工表面粗糙度值。

研磨方法分手工研磨和机械研磨两种。

手工研磨是人手持研具或工件进行研磨的方法,例如研磨外圆面时,工件一般装夹在车床卡盘或顶尖上,由主轴带动工件作低速回转,研具套在工件上,用手推动研具作往复运动。

机械研磨在研磨机上进行,图 4-1 为研磨较小零件所用研磨机的工作示意图。工件置于两块作相反方向转动的盘形研具 A、B 之间,A 盘的转速 n_A 比 B 盘的转速 n_B 高。工件 F 穿在隔离盘 C 的销杆 D 上。工作时,隔离盘 C 被带动绕轴线 E 旋转,转速为 n_C。由于轴线 E 处在偏心位置,偏心距为 e,工件一方面在销杆上自由转动,同时又沿销杆滑动,因而获得复杂的相对运动,可保证均匀地切除工件表面余量,获得很高的加工精度和很小的加工表面粗糙度值。

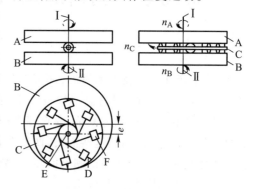

图 4-1 机械研磨

2. 研磨的特点及应用

研磨具有如下特点:

(1)加工简单,不需复杂设备。研磨除可在专门的研磨机上进行外,还可以在简单改装的车床、钻床等上进行,设备和研具皆较简单,成本低。

(2)可以达到高的工件尺寸精度、形状精度和小的加工表面粗糙度值,但不能提高工件各表面间的位置精度。若研具精度足够高,经精细研磨,加工后表面的尺寸误差和形状误差可以小到 $0.1 \sim 0.3~\mu m$,加工表面粗糙度 Ra 值可达 $0.025~\mu m$ 以下。

(3)生产率较低,加工余量一般不超过 $0.01 \sim 0.03~mm$。

(4)研磨剂易于飞溅,污染环境。

研磨应用很广,常见的表面(如平面、圆柱面、圆锥面、螺纹表面、齿轮齿面等)都可以用研磨进行精整加工。精密配合偶件如柱塞泵的柱塞与泵体、阀芯与阀套等,往往要经过两个配合件的配研才能达到要求。

在现代工业中,常采用研磨作为精密零件的最终加工方法。例如,在机械制造业中,用研磨精加工精密量块、量规、齿轮、钢球、喷油嘴等零件;在光学仪器制造业中,用研磨精加工镜头、棱镜等零件;在电子工业中,用研磨精加工石英晶体、半导体晶体、陶瓷元件等。

二、珩磨

1. 加工原理

珩磨是利用带有油石的珩磨头对孔进行精整加工的方法。图 4-2a 为珩磨加工示意图,珩磨时,珩磨头上的油石以一定的压力压在被加工表面上,由机床主轴带动珩磨头旋转并沿轴向作往复运动(工件固定不动)。在相对运动的过程中,油石从工件表面切除一层极薄的金属,加之油石在工件表面上的切削轨迹是交叉而不重

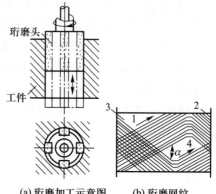

(a) 珩磨加工示意图 (b) 珩磨网纹

图 4-2 珩磨

复的网纹(图 4-2b),故可获得很高的加工精度和很小的加工表面粗糙度值。

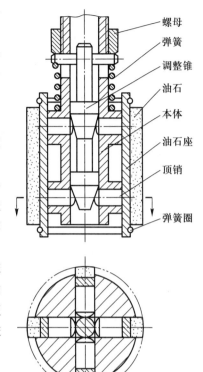

　　图 4-3 是一种结构比较简单的珩磨头,油石用黏结剂与油石座固结在一起,并装在本体的槽中,油石两端用弹簧圈箍住。向下调整螺母,通过调整锥和顶销,可使油石胀开,以便调整珩磨头的工作尺寸及油石对孔壁的工作压力。为了减小加工误差,本体通过浮动联轴器(图中未画出)与机床主轴连接。

　　为了及时排出切屑和传递切削热,降低切削温度和减小加工表面粗糙度值,珩磨时要浇注充分的珩磨液。珩磨铸铁和钢件时,通常用煤油加少量(10% ~ 20%)机油或锭子油作珩磨液;珩磨青铜等脆性材料时,可以用水剂珩磨液。

　　在大批大量生产中,珩磨在专门的珩磨机上进行。机床的工作循环通常是自动化的,主轴旋转是机械传动,而其轴向往复运动是液压传动。珩磨头油石与孔壁之间的工作压力由机床液压装置调节。在单件小批生产中,常将立式钻床或卧式车床进行适当改装,来完成珩磨加工。

图 4-3　珩磨头

2. 珩磨的特点及应用

珩磨具有如下特点:

　　(1)生产率较高　珩磨时多个油石同时工作,油石与工件的接触又是面接触,同时参加切削的磨粒较多,并且经常连续变化切削方向,能较长时间保持磨粒刃口锋利。珩磨余量比研磨大,一般珩磨铸铁时余量为 0.02~0.15 mm,珩磨钢件时余量为 0.005~0.08 mm。

　　(2)加工精度高　珩磨可提高孔的表面质量、尺寸和形状精度,但不能提高孔的位置精度,这是由珩磨头与机床主轴为浮动连接所致。因此,在珩磨前孔的精加工中,必须保证孔的位置精度。珩磨孔径精度为 1~0.1 μm,孔的圆柱度可达 1~0.5 μm,直线度可达 1 μm。

　　(3)珩磨表面耐磨损　珩磨表面质量好,加工表面粗糙度值 Ra 可达 0.01~0.008 μm,又由于已加工表面有交叉网纹,利于油膜形成,润滑性能好,故珩磨表面磨损慢。

　　(4)珩磨头结构较复杂　珩磨主要用于孔的精整加工,加工范围很广,能加工直径为 5~500 mm 或更大的孔,并且能加工深孔。珩磨还可以加工外圆面、平面、球面和齿面等。珩磨可加工材料包括铸铁、淬火与未淬火钢、硬铬与硬质合金以及玻璃、陶瓷等非金属材料。

　　珩磨不仅在大批大量生产中应用极为普遍,而且在单件小批生产中应用也较广泛。对于某些零件的孔,珩磨已成为典型的精整加工方法,例如飞机、汽车、拖拉机发动机的气缸、缸套、连杆以及液压油缸、炮筒等的孔加工。

三、超级光磨

1. 加工原理

超级光磨是用装有细磨粒、低硬度油石的磨头,在一定压力下对工件表面进行光整加工的方法。

图 4-4 为超级光磨外圆的示意图。加工时,工件旋转(一般工件圆周线速度为 6~30 m/min),油石以恒力轻压于工件表面,作轴向进给的同时作轴向微小振动(一般振幅为 1~6 mm,频率为 5~50 Hz),从而对工件微观不平的表面进行光磨。

加工过程中,在油石和工件之间注入光磨液(一般为煤油加锭子油),一方面为了冷却、润滑及清除切屑等,另一方面为了形成油膜,以便自动终止切削作用。当油石最初与比较粗糙的工件表面接触时,虽然油石给工件的压力不大,但由于油石与工件的实际接触面积小,压强较大,油石与工件表面之间不能形成完整的油膜(图 4-5a),加之切削方向经常变化,油石的自锐作用较好,切削作用较强。随着工件表面被逐渐磨平,以及细微切屑等嵌入油石空隙,使油石表面逐渐平滑,油石与工件的接触面积逐渐增大,压强逐渐减小,油石和工件表面之间逐渐形成完整的润滑油膜(图 4-5b),切削作用逐渐减弱,经过光整抛光阶段,最后便自动停止切削作用。

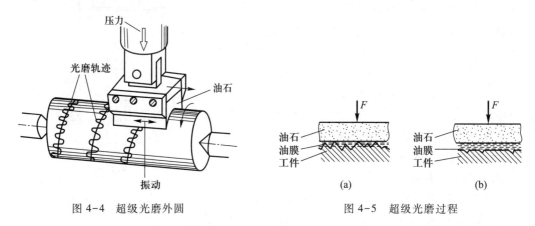

图 4-4　超级光磨外圆　　　　　　　　图 4-5　超级光磨过程

当平滑的油石表面再一次与待加工的工件表面接触时,较粗糙的工件表面将破坏油石表面平滑而完整的油膜,使光磨过程再一次进行。

2. 超级光磨的特点及应用

超级光磨具有如下特点:

(1)设备简单,操作方便　超级光磨可以在专门的机床上进行,也可以在适当改装的通用机床(如卧式车床等)上,利用不太复杂的超级光磨磨头进行。一般情况下,超级光磨设备的自动化程度较高,操作简便,对工人的技术水平要求不高。

(2)加工余量极小　由于油石与工件之间无刚性的运动联系,油石切除金属的能力较弱,只留有 3~10 μm 的加工余量。

(3)生产率较高　因为超级光磨的加工余量极小,加工过程所需时间很短,一般为 30~60 s。

(4)加工表面质量好　由于油石运动轨迹复杂,加工过程由切削作用过渡到光整抛光,加工表面粗糙度值很小(Ra 值小于 0.012 μm),并具有复杂的交叉网纹,利于储存润滑油,加工后表面的耐磨性较好。但超级光磨不能提高工件的尺寸精度和几何精度,零件所要求的精度必须由前道工序保证。

超级光磨的应用也很广泛,如汽车和内燃机零件、轴承、精密量具等小表面粗糙度值表面常用超级光磨作光整加工。它不仅能加工轴类零件的外圆柱面,而且还能加工圆锥面、孔、平面和球面等。超级光磨还可以进行无心超级光磨。

四、抛光

1. 加工原理

抛光是在高速旋转的抛光轮上涂以磨膏,对工件表面进行光整加工的方法。抛光轮一般是用毛毡、橡胶、皮革、布或压制纸板做成的,磨膏由磨料(氧化铬、氧化铁等)和油酸、软脂等配制而成。

抛光时,将工件压于高速旋转的抛光轮上,在磨膏介质的作用下,金属表面产生的一层极薄的软膜可以用比工件材料软的磨料切除,而不会在工件表面留下划痕。抛光时的高速摩擦使工件表面产生高温,表层材料被挤压而发生塑性流动,这样可填平工件表面原来的微观不平,获得很光亮的加工表面(呈镜面状)。

抛光与研磨不同,抛光所用的工具一般是软质的,抛光速度也较高,对工件材料产生的塑性流动作用和微切削作用较弱。研磨所用的研具一般是硬质的,研磨速度低,对工件材料产生的微切削作用、挤压塑性变形作用较强。近年来,出现了研磨和抛光复合加工方法,可称之为研抛,工具是用橡胶、塑料等制成的。研抛可通过选择研抛工具的材料及其硬度来控制抛光作用和研磨作用的比例,控制加工精度和加工表面粗糙度值。考虑研抛所用工具是带有柔性的,故多将研抛归属于抛光一类加工方法。研抛工艺相对于传统研磨工艺的优势是加工时间明显缩短,成本明显降低。

2. 抛光的特点及应用

抛光具有如下特点:

(1) 方法简便而经济　抛光一般不用特殊设备,使用工具和加工方法也比较简单,成本低。

(2) 容易对曲面进行加工　由于抛光轮是弹性的,能与曲面相吻合,故抛光容易实现曲面抛光,便于对模具型腔进行光整加工。

(3) 仅能提高加工表面的光亮度　抛光对加工表面粗糙度值的降低作用不明显,因而不能保持或提高工件的原加工精度。由于抛光轮与工件之间没有刚性的运动联系,抛光轮又有弹性,因此不能保证从工件表面均匀地切除材料,只能去掉前道工序所留下的痕迹,获得光亮的表面。

(4) 劳动条件较差　抛光目前多为手工操作,工作繁重,飞溅的磨粒、介质、微屑等污染环境,劳动条件较差。为改善劳动条件,可采用砂带磨床进行抛光,以代替采用抛光轮的手工抛光。

抛光主要用于零件表面的装饰加工,或者用抛光消除前道工序的加工痕迹,以提高零件的疲劳强度,而不是以提高零件的精度为目的。抛光零件表面的类型不限,可以加工外圆面、孔、平面及各种成形面等。此外,为了保证电镀产品的质量,必须用抛光进行预加工;一些不锈钢、塑料、玻璃等制品,为得到好的外观质量,也要进行抛光。

综上所述,研磨、珩磨、超级光磨和抛光所起的作用是不同的,抛光仅能提高工件表面的光亮程度,而对工件表面粗糙度的改善作用不大。超级光磨仅能减小工件的表面粗糙度值,而不能提高其尺寸和几何精度。研磨和珩磨则不但可以减小工件表面的粗糙度值,也可以在一定程度上提高其尺寸和几何精度。

从应用范围来看,研磨、珩磨、超级光磨和抛光都可以用来加工各种各样的表面,但珩磨则主要用于孔的精整加工。

从所用工具和设备来看,抛光工具和设备最简单,研磨和超级光磨工具和设备稍复杂,而珩磨工具和设备则较为复杂。

从生产率来看,抛光和超级光磨的生产率最高,珩磨的生产率次之,研磨的生产率最低。

实际生产中常根据工件的形状、尺寸和表面要求,以及批量大小和生产条件等,选用合适的精整或光整加工方法。

****五、超精密加工概述**

1. 超精密加工的概念和分类

发展制造技术的核心主要包含两个方面:一是自动化智能制造技术,以柔性自动化技术和智能制造为代表;二是精密与超精密加工,尤其是超精密加工。精密与超精密加工不是指某一特定的加工方法,而是指机械加工领域在某一个历史时期所能达到最高加工精度的各种加工方法的总称。精密与超精密加工的精度界限,在不同的时代有不同的标准。现在,精密加工是指加工精度为 $1 \sim 0.1\ \mu m$、加工表面粗糙度 Ra 值小于 $0.1\ \mu m$ 的加工技术;超精密加工是指加工精度高于 $0.1\ \mu m$,加工表面粗糙度 Ra 值小于 $0.002\ 5\ \mu m$ 的加工技术。当前,超精密加工精度已达到了纳米级,形成了纳米加工技术。

根据加工所用的工具不同,超精密加工可以分为超精密切削、超精密磨削和超精密研磨等。

超精密切削是指用单晶金刚石刀具进行的超精密加工。因为很多精密零件是用有色金属制成的,难以采用超精密磨削加工,所以只能采用超精密切削加工。

超精密磨削是指用精细修整过的砂轮或砂带进行的超精密加工。它是利用大量等高的磨粒微刃(见图 3-48),从工件表面切除一层极微薄的材料,来达到超精密加工效果的。它的生产率比一般超精密切削高,尤其是砂带磨削的生产率更高。

超精密研磨一般是指在恒温的研磨液中进行研磨的方法。由于超精密研磨抑制了研具和工件的热变形,并防止了尘埃和大颗粒磨料混入研磨区,所以达到很高的加工精度(误差在 $0.1\ \mu m$ 以下)和很小的加工表面粗糙度值(Ra 值在 $0.025\ \mu m$ 以下)。

2. 超精密加工的基本条件

超精密加工的核心是切除微米级以下极薄的材料。为了较好地解决这一问题,机床设备、刀具(或磨具)、工件、环境和检验等方面,应具备如下基本条件。

(1) 机床设备 超精密加工的机床应具有以下条件:

1) 可靠的微量进给装置 一般精密机床的机械或液压微量进给机构,很难达到 $1\ \mu m$ 以下的微量进给要求。目前进行超精密加工的机床,常采用弹性变形、热变形或压电晶体变形等微量进给装置。

2) 高回转精度的主轴部件 在进行极微量切削或磨削时,主轴回转精度的影响很大。例如进行超精密加工的车床,其主轴的径向和轴向跳动允差应小于 $0.12 \sim 0.15\ \mu m$。目前常用液体或空气静压轴承来达到这样高的回转精度。

3) 低速运行特性好的工作台 超精密切削或超精密磨削修整砂轮时,工作台的运动速度都应为 $10 \sim 20\ mm/min$ 或更小。在这样低的速度下运行,工作台很容易产生"爬行"(即不均匀的窜动),这是超精密加工绝不允许的。目前防止工作台爬行的主要措施,是选用防爬行导轨油、采用聚四氟乙烯导轨面黏敷板和液体静压导轨等。

4）较高的抗振性和热稳定性等。

（2）刀具或磨具　无论是超精密切削还是超精密磨削，为了切下一层极薄的材料，切削刃必须非常锋利，并有足够的耐用度。目前，只有精细研磨的金刚石刀具和精细修整的砂轮等才能满足超精密加工的要求。

（3）工件　由于超精密加工的加工精度和加工表面质量都要求很高，而加工余量又非常小，所以对工件的材质和表面层微观缺陷等都要求很高。尤其是工件的表面层缺陷（如空穴、杂质等），若其大于加工余量，加工后就会暴露在表面上，使加工表面质量达不到要求。

（4）环境　应高度重视隔振、防振、隔热、恒温以及防尘等环境条件，以便保证超精密加工的顺利进行。

（5）检验　为了可靠地评定加工精度，测量误差应为加工精度要求的 10% 或更小。目前利用光波干涉的各种超精密测量方法，其测量误差的极限值是 0.01 μm，因此超精密加工的加工精度极限只能为 0.1 μm 左右。

第二节　特种加工

特种加工是指那些不属于传统加工工艺范畴的加工方法。它不同于使用刀具、磨具等直接利用机械能切除多余材料的传统加工方法，而是将电、磁、声、光等物理能量、化学能量或其组合直接施加在被加工的部位上，从而使材料被去除、变形或改变性能等。特种加工可以完成传统加工难以加工的材料（如高强度、高韧性、高硬度、高脆性、耐高温材料和工业陶瓷、磁性材料等）以及精密、微细、形状复杂零件的加工。特种加工在航空航天、电子、轻工等工业部门以及电动机、电器、仪表、透平机械、汽车和拖拉机等行业中，已成为不可缺少的加工方法。

特种加工是近几十年发展起来的新工艺，是对传统加工工艺方法的重要补充与发展，目前仍在继续研究、开发和改进。特种加工种类较多，这里仅简略地介绍电火花加工、电解加工、超声加工和高能束（激光、电子束、离子束）加工等。

一、电火花加工

1. 加工原理

电火花加工利用工具电极（简称工具）与工件电极（简称工件）之间脉冲放电产生的高温去除工件上多余材料。如图 4-6a 所示，工具在进给机构驱动下接近工件（但始终与工件之间保持一个很小的放电间隙），直流电源经变阻器 R 向电容器 C 充电储能，当储能达到一定电压时，绝缘介质（工作液）在两极间"相对最靠近点"被击穿，以火花放电的形式使两极骤然接通。随后，电极间电压骤降，电火花熄灭，电源又重新向电容器充电储能。依此循环，构成电火花加工的脉冲放电。在瞬时放电的通道中产生大量的热能，形成局部高温，使金属材料熔化甚至气化，并在放电爆炸力的作用下把熔化的材料抛出，达到去除材料的目的。

电火花加工的结果是在工件上形成与工具截面形状相同的精确型孔（图 4-6b），而工具仍保持原来的截面形状。

2. 电火花加工机床简介

如图 4-7 所示，电火花加工机床一般由以下四大部分组成：

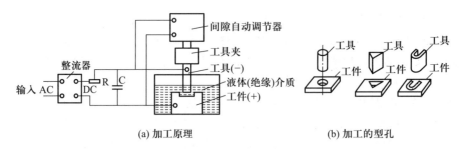

(a) 加工原理   (b) 加工的型孔

图 4-6 电火花加工

（1）脉冲电源 是放电蚀除的供能装置，产生所需要的重复脉冲，加在工件电极与工具电极上，形成脉冲放电。

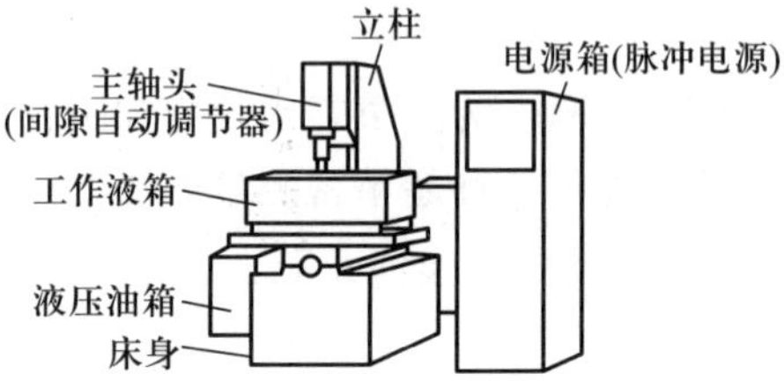

（2）间隙自动调节器 自动调节电极间距离和工具电极的进给速度，维持一定的放电间隙，使脉冲放电正常进行。

图 4-7 电火花加工机床

（3）机床本体 用来实现工件和工具电极的装夹固定，以及调整其相对位置精度等的机械系统（如图 4-7 中的液压油箱等）。

（4）工作液（多用煤油或矿物油）及其循环过滤系统。

3. 电火花加工的特点及应用

电火花加工具有如下特点：

（1）主要用于加工"硬""脆""韧""软"、高熔点的导电材料。

（2）加工时"无切削力"，有利于小孔、窄槽以及各种复杂截面的型孔、曲线孔、型腔等的加工以及薄壁工件的加工，也适合于精密微细加工。

（3）当脉冲宽度不大时，对整个工件而言热影响小，可以提高加工质量，适于加工热敏性强的材料。

（4）可方便地调节脉冲参数，能在同一台机床上连续进行粗加工、半精加工、精加工。精加工时加工尺寸精度视加工方式而异，穿孔的加工精度可达 0.01～0.05 mm，型腔加工的加工精度可达 0.1 mm 左右，线切割的加工精度可达 0.01～0.02 mm；加工表面粗糙度 Ra 值可达 0.8～1.6 μm。

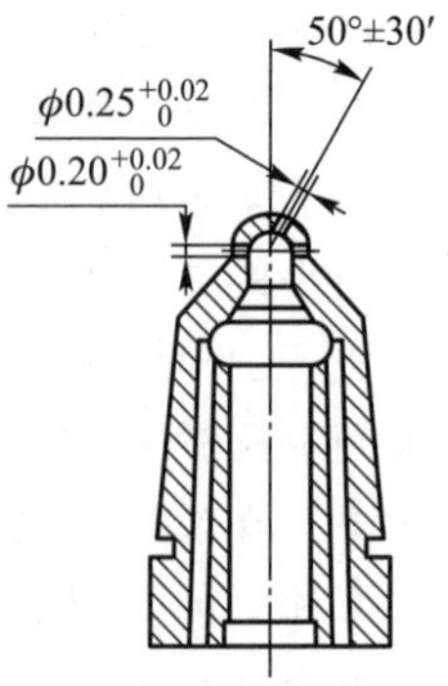

电火花加工的应用范围很广，可以用来加工型腔及各种孔，如锻模模膛、异形孔、喷丝孔等，还可以对工件进行表面强化和打印记等。图 4-8 为用电火花加工的喷嘴小孔。

生产中广泛应用的电火花线切割，也是利用电火花加工原理进行工作的。图 4-9 为电火花线切割加工原理图，卷丝筒作正反向交替转动，带动电极丝相对工件作上下往复移动；脉冲电源的两极分别接在工件（阳极）和电极丝（阴极）上，致使工件与电极丝之间发生脉冲放电，从而对工件进行切割。

图 4-8 用电火花加工的喷嘴小孔

电火花线切割机的数控工作台，可带动工件沿 x、y 两个坐标轴方向移动，以便将工件切割成所需要的形状；移动导向轮的位置，可以加工出锥孔、斜面等。

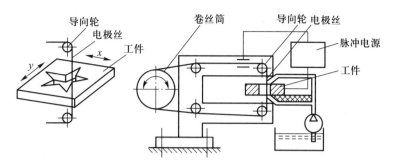

图 4-9　电火花线切割加工原理

二、电解加工

1. 加工基本原理

电解加工(电化学加工)是利用金属在电解液中产生阳极溶解的电化学反应原理,对金属材料进行成形加工的一种方法。如图 4-10 所示,电解加工时,以工件为阳极(接直流电源正极),以工具为阴极(接直流电源负极),在两极之间的狭小间隙内有高速电解液流过。当工具阴极不断向工件进给时,在相对于阴极的工件表面上,金属材料按阴极型面的形状不断溶解,电解产生物被高速电解液带走,于是在工件的相应表面上就加工出和阴极型面近似相反的形状。电解加工采用低的工作

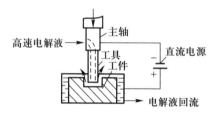

图 4-10　电解加工原理图

电压(6~24 V)、大的工作电流(某些场合可高达 20 000 A)、狭小的加工间隙(0.1~0.8 mm)和高的电解液流速(5~60 m/s)。

电解加工时的化学反应比较复杂,它随工件材料、电解液成分等的不同而不同。当用氯化钠水溶液作电解液加工低碳钢工件时,其主要电化学反应如下:

1) 电解液在电场作用下解离

$$NaCl \Longrightarrow Na^+ + Cl^-$$
$$H_2O \Longrightarrow H^+ + OH^-$$

2) 工件极(阳极)解离并与电解液反应

$$Fe - 2e \longrightarrow Fe^{2+}$$
$$Fe^{2+} + 2(OH)^- \longrightarrow Fe(OH)_2 \downarrow$$

3) 工具极(阴极)反应

$$2H^+ + 2e \longrightarrow H_2 \uparrow$$

由上述反应可知,在电解加工过程中,外电源不断使工件(阳极)的 Fe 原子失去电子,以 Fe^{2+} 的形式与电解液中的 OH^- 化合生成 $Fe(OH)_2$ 而沉淀。由于 $Fe(OH)_2$ 在水中的溶解度很小,起初为墨绿色的絮状物,时间一长就逐渐被电解液及空气中的氧氧化,而生成黄褐色的 $Fe(OH)_3$(即铁锈)沉淀物,其反应如下:

$$4Fe(OH)_2 + 2H_2O + O_2 \longrightarrow 4Fe(OH)_3 \downarrow$$

沉淀物被高速流动的电解液带走,达到去除工件材料的目的。

电解液中的 H^+ 不断从工具(阴极)得到电子,形成氢气(H_2)游离而出。

在整个电解加工过程中,仅有工件(阳极)和水逐渐消耗,而工具(阴极)和氯化钠(NaCl)并不消耗。因此,在理想的情况下,工具可长期使用,只要把电解液过滤干净,并补充适量的水,加工即可继续进行。

2. 电解加工机床简介

如图 4-11 所示,电解加工机床主要由以下三大部分组成:

(1)机床本体 在电解加工过程中,机床主轴必须在高压电解液作用下稳定进给,以获得良好的加工精度。因此,电解加工机床除具有一般机床的共同要求外,还必须具有足够的刚度、可靠的进给平稳性和良好的防腐蚀性。另外,电解加工机床还应具有良好的密封性能、供电及绝缘性能和排风装置等。

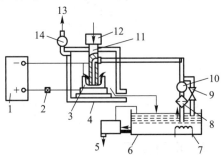

1—直流稳压电源;2—短路保护装置;3—工件;4—机床本体;5—淤渣;6—电解液槽;7—热交换器;8—过滤器;9—溢流阀;10—电解液泵;11—阴极;12—主轴进给系统;13—氢气;14—排气扇

图 4-11 电解加工机床组成原理图

(2)直流稳压电源 它应该有合适的容量、良好的稳压精度和可靠的短路保护装置。直流稳压电源的输出电流从 500 A 至 20 000 A,有多种系列,输出电压为 6~24 V,稳压精度应控制在 ±(1%~2%)的范围内。为避免在加工过程中因短路而烧伤工件,直流稳压电源应具有能快速(10~20 μs)切断电源的短路保护装置。

(3)电解液系统 电解液系统的作用在于连续而平稳地向加工区供给足够流量和合适温度的干净电解液。它主要由电解液泵、电解液槽、过滤器、热交换器以及其他管路附件等组成。

3. 电解加工的特点及应用

电解加工具有如下特点:

(1)能以简单的进给运动一次加工出形状复杂的型面或型腔,如锻模、叶片等。

(2)可加工高硬度、高强度和高韧性等难切削的金属材料,如淬火钢、高温合金、钛合金等。

(3)加工中无机械切削力或切削热,适合于易变形或薄壁零件的加工。

(4)加工后零件表面无剩余应力和毛刺,加工表面粗糙度 Ra 值为 0.2~0.8 μm。

(5)工具阴极不损耗。

(6)由于影响电解加工的因素较多,难以实现高精度的稳定加工。

(7)电解液对机床有腐蚀作用,电解产物的处理和回收困难。

电解加工主要用于加工型孔、型腔、复杂型面、小而深的孔,以及用于套料、去毛刺、刻印等方面。图 4-12 为电解加工的叶片型面。

由以上分析可知,电解加工和电火花加工在应用范围上有许多相似之处,所不同的是电解加工的生产率较高,加工精度较低,且机床费用较高。因此,电解加工适用于成批和大量生产,而电火花加工主要适用于单件小批生产。

三、超声加工

1. 加工基本原理

超声加工是利用工具的高频振动,通过磨料对工件进行加工的。如图 4-13a 所示,加工时,工具以一定的压力作用在工件上,加工区送入磨料液,高频振动的工具端面锤击工件表面上的磨料,通过磨料将加工区的材料粉碎。磨料液的循环流动带走被粉碎下来的材料微粒,并使磨料不断更新。工具逐渐深入到材料中,工具形状便复现在工件上(图 4-13b)。

为了使工具获得高频振动,生产中常用由电能直接转换为机械振动的发生器。如图 4-13a 所示,从电源(220 V)经高频振荡器 1 及信号放大器 2,将发出的高频交变电流供给换能器 4。由硒整流器 3 发出的直流电供给磁铁 5 上的线圈 8。在换能器 4 的线圈及磁铁 5 的作用下,形成了高频交变磁场。

换能器是用镍或镍铝合金等材料做成的,这些材料在磁场作用下稍微缩短,而当去除磁场后又恢复原状。因此在高频交变磁场作用下,换能器连同工具 7 将产生相应的高频振动。工具 7 与工件 6 之间的磨料液是靠泵及输送管 9 循环供应的。由于工具获得高频的振动,可大大强化与加速磨料对工件表面的冲击破碎过程。

图 4-12　电解加工的叶片型面

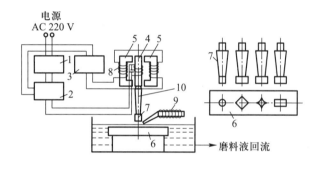

(a) 加工原理　　　　(b) 加工的型孔

1—高频振荡器;2—信号放大器;3—硒整流器;4—换能器;
5—磁铁;6—工件;7—工具;8—线圈;9—输送管;10—变幅杆

图 4-13　超声加工

2. 超声加工机床简介

超声加工机床主要由以下三大部分组成:

(1)超声发生器　它将 50 Hz 交流电转变为高频电能,供给超声换能器。

(2)超声振动系统　它包括超声换能器和变幅杆。图 4-13a 中的 4 就是一种磁致伸缩换能器。它下边连接的锥形棒(工具 7 与换能器 4 之间),称为变幅杆,它的作用是将换能器的微小振幅放大,并传给工具。

(3)机床本体　超声加工机床有立式和卧式两种,图 4-14 为立式超声加工机床本体结构示意图。

超声加工机床具有下列特点:

1)由于工具与工件间相互作用力小,故超声加工机床本体不需要像一般机床那样高的结构强度和强力传动机构,但其刚度要好。

2)超声加工机床的主要运动有:① 工作进给运动;② 调整运动。工作台带有纵、横坐标移动及转动机构,用以调节工具与工件间的相对位置。

3) 工作台带有盛放磨料液的工作槽,以防止磨料液飞溅,并使磨料液顺利流回磨料液泵中。为了使磨料液在加工区域良好循环,超声加工机床一般都带有强制磨料液循环的装置。

4) 加工机床还应具备冷却装置。

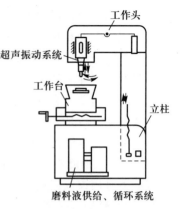

图 4-14 立式超声加工机床本体结构示意图

3. 超声加工的特点及应用

超声加工具有如下特点:

(1) 主要适用于加工各种不导电的硬脆材料。对于导电的硬质金属材料也能进行加工,但生产率偏低。

(2) 由于工具通常不需要旋转,因此易于加工出各种复杂形状的内表面和成形表面等。采用中空形状的工具,还可以实现各种形状工件的套料。

(3) 加工过程中,工具对加工材料的宏观作用力小,热影响小,特别对于加工某些不能承受较大机械力的零件比较有利。

(4) 因为超声加工中材料的碎除靠磨料的直接作用,磨料硬度一般应比加工材料高,而工具材料的硬度可以低于加工材料的硬度。超声加工中通常可用中碳钢及各种成形管材和线材作工具。

目前,在各工业部门中,超声加工主要用于硬脆材料的孔加工、套料、切割、雕刻以及研磨金刚石拉丝模等。图 4-15 为超声加工应用举例。

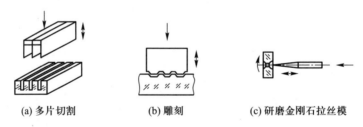

(a) 多片切割   (b) 雕刻   (c) 研磨金刚石拉丝模

图 4-15 超声加工应用举例

此外,在加工难切削的硬质金属材料及贵重脆性材料时,利用工具作高频振动,超声加工还可以与其他加工方法(如切削加工和电加工)配合,进行复合加工。

一般超声加工的孔径范围为 0.1~90 mm,加工深度可达 100 mm 以上,加工孔的尺寸误差小于 ±(0.02~0.05) mm。采用 F320 碳化硼磨料加工玻璃时,加工表面粗糙度 Ra 值为 0.8 μm,加工硬质合金时 Ra 值为 0.4 μm。

四、高能束加工简介

高能束加工是利用被聚焦到工件加工部位上的高能量密度射束,去除工件上多余材料的特种加工方法,通常包括激光加工、电子束加工和离子束加工等。

1. 激光加工的基本原理、特点及应用

激光是一种亮度高、方向性好、单色性好、发散角小的相干光,理论上可以聚焦到尺寸与光的波长相近的小斑点上,加上其亮度高,焦点处的功率密度可达 $10^3 \sim 10^7$ W/mm^2,温度可高至万摄氏度左右。在此高温下,任何坚硬的材料都将瞬时急剧熔化和气化,并产生很强烈的冲击波,使熔化物质爆炸式喷射,从而从工件上去除。激光加工就是利用这种原理对工件进行打孔、切割的。

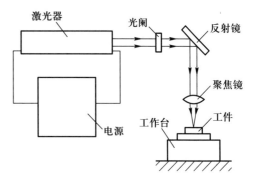

图 4-16 为激光加工机工作示意图。激光器(常用的有固体激光器和气体激光器)把电能转变为光能,产生所需的激光束,通过光学系统聚焦成

图 4-16　激光加工机工作示意图

柱状或带状光束,照射到工件加工部位。光束的粗细可根据加工需要进行调整。工件安装在数控工作台上,由数控系统控制完成所需的进给运动。

激光加工具有如下特点:

(1)几乎对所有的金属材料和非金属材料都可以加工。

(2)加工速度极高,易于实现自动化生产和流水作业,同时加工中工件产生的热变形很小。用激光给手表的红宝石轴承打孔,每秒钟可加工 14~16 个,合格率达 99%。

激光加工可对许多材料进行高效率的切割加工,切割速度一般超过机械切割。其切割厚度,对金属材料可达 10 mm 以上,对非金属材料可达几十毫米,切缝宽度一般为 0.1~0.5 mm。

(3)加工时不需用刀具,属于非接触加工,无机械加工变形。

(4)可通过空气、惰性气体或光学透明介质进行加工。

激光加工可用于金刚石拉丝模、钟表宝石轴承的加工,可用于陶瓷、玻璃等非金属材料和硬质合金、不锈钢等金属材料的小孔加工,以及多种金属材料和非金属材料的切割或成形切割加工等。激光加工特别适用于对坚硬材料进行微小孔的加工,加工孔的直径一般为 0.01~1 mm,最小孔径可达 0.001 mm,加工孔的深径比可达 50~100,也可加工异形孔。

2. 电子束加工的基本原理、特点及应用

图 4-17 是电子束加工原理示意图。在真空条件下,由电子枪旁热阴极发射的电子,在高电压(80~200 kV)作用下被加速到很高的速度(1/3~1/2 光速),然后通过电子透镜聚焦形成高能量密度($10^6 \sim 10^7$ W/mm^2)的电子束。当电子束冲击工件时,在极短的时间内使受冲击部位的温度升高到几千摄氏度以上,足以使任何材料瞬间熔化、气化,从而达到材料去除加工的目的。由上述可知,电子束是利用电子的动能转变成热能对材料进行加工的。

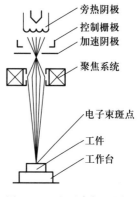

图 4-17　电子束加工原理

电子束加工具有如下特点:

(1)对任何材料都能进行加工。材料的可加工性与材料的强度无关,只要电子束的功率密度能达到使材料气化,材料都能用电子束进行加工。

(2)加工速度快。一般来讲,电子束加工厚度为 0.1~1 mm 的工件,打孔时间为 10 μs 至数秒;切割厚度为 1 mm 的钢板,加工速度可达 240 mm/min。

(3)为非接触加工,不存在工具磨耗问题,对工件无机械切削力作用,而且加工时间极短,所以工件无变形。

（4）电子束的束径小，最小直径可达 0.01 ~ 0.05 mm，电子束长度可达束径的几十倍，故能加工微细的深孔、窄缝等。

（5）加工点上化学纯度高。由于电子束加工是在真空中加工，可防止工件氧化而产生杂质，所以适合于加工易氧化的金属及合金材料，特别适于加工要求高纯度的半导体材料。

（6）可控制性能好。通过磁场或电场即可控制电子束的强度，进行聚焦和调节焦点位置，并可采用计算机进行控制。

电子束加工应用于不锈钢、耐热钢、合金钢、陶瓷、玻璃和宝石等材料的打孔或切槽。除了加工圆孔、通孔之外，电子束加工还可以加工异形孔、锥孔、盲孔和窄缝等。

电子束与气体分子碰撞时会产生能量损失和散射，所以电子束加工一般在高真空度的工作室内进行。并且由于电子束加工中使用高电压，会产生较强的 X 射线，必须采取相应的安全防护措施。这些情况限制了电子束加工的应用，除了特定的需要，电子束加工一般为激光加工所代替。

3. 离子束加工的基本原理、特点及应用

图 4-18 为离子束加工原理示意图。首先把氩（Ar）、氪（Kr）、氙（Xe）等惰性气体注入低真空（约 1 Pa）的电离室中，用高频放电、电弧放电、等离子体放电或电子轰击等方法使其电离成等离子体，接着用加速电极将离子呈束状拉出并使之加速。然后离子束流进入高真空（约 10^{-4} Pa）的加工室，并用静电透镜聚成细束向工件表面冲击，从工件表面打出原子或分子，从而达到溅射去除加工的目的。

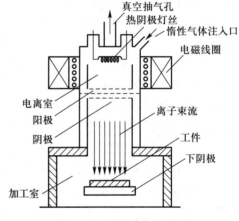

图 4-18　离子束加工原理

从电离室引出的离子流若不聚焦成束状，而是使它大体均匀地投射到大面积的工件表面上，同时采取掩膜等措施，也可对工件表面进行微细的溅射去除加工。

离子束加工的机理不同于电子束加工，它是一种无热加工。离子与工件材料原子之间的碰撞接近弹性碰撞。在碰撞过程中，离子所具有的能量传递给材料的原子、分子，其中一部分能量使工件材料（分子或原子）溅射、抛出，其余能量转变为材料晶格的振动能。

离子束加工具有如下特点：

（1）离子束光斑直径可以聚焦到 1 μm 以内，可以精确控制离子束流密度和离子的能量，并且可以通过离子光学系统进行扫描，因此离子束加工能够进行微细加工，并能精密地控制加工效果。

（2）离子束加工是在真空中进行的，污染少，特别适合易氧化的金属、合金和半导体材料的加工。

（3）离子撞击工件表面只产生微观作用力，宏观作用力很小。因此离子束加工应力很小，工件不变形，适合脆性、半导体和高分子材料的加工。

离子束加工可以对材料实现分子级、原子级直至纳米级加工，可以将材料的原子一层一层地去除，加工尺寸精度和表面粗糙度值可以达到极限的程度。离子束加工主要用于精微的穿孔、蚀刻、切割、铣削、研磨和抛光,例如集成电路、声表面器件、磁泡器件、超导器件、光电器件、光集成器件等微电子器件的图形蚀刻,石英晶体振荡器、压电传感器等的减薄,金刚石触针的成形,非球面透镜的加工等。

第三节　数控加工简介

数控加工泛指在数控机床上进行工件的加工。数控加工工艺过程是指在数控机床上直接改变加工对象的形状、尺寸等,使其成为成品或半成品的过程。

一、数控加工工艺特点

现代数控加工具有提高生产率、产品质量、经济效益和有利于产品的升级换代,提高市场反应速度等特点,已成为制造业实现自动化、柔性化、集成化生产的基础技术。数控加工工艺具有如下特点:

(1)可采用多坐标联动自动控制加工复杂表面

对于一般简单表面的加工,数控加工与普通机床加工无太大的差别。但是对于一些复杂表面、有特殊要求的表面,数控加工与普通机床加工有根本的不同。例如对于曲线和曲面的加工,普通机床加工是用划线、样板、仿形等方法加工,不仅生产率低,而且还难以保证加工质量,而数控加工则采用多坐标联动自动控制加工,其加工质量和生产率比普通机床加工方法高。

(2)数控加工工艺的继承性较好

凡经过调试、校验和试切削过程验证,并在加工实践中证明是好的数控加工工艺,都可以作为模板,供后续加工类似零件时调用,这样不仅节约时间,而且可以保证质量。模板数控加工工艺本身在调用中也得到不断修改完善,可以达到逐步标准化、系列化的效果。因此,数控工艺具有非常好的继承性。

(3)数控加工工艺具有复合性

数控加工中工件在一次装夹下能完成镗削、铣削、钻削、铰削、攻螺纹等多种加工,而这些加工在传统工艺方法中需分多道工序才能完成,这使得零件加工所需的专用夹具数量大为减少,零件装夹次数及周转时间也大大减少,从而使零件的加工精度和生产率有了较大的提高。

(4)数控加工工艺设计要周密、严谨

数控加工是用数控程序控制机床自动完成加工零件的技术。在数控加工前,编程人员要考虑加工零件的工艺性,还要选择制订工艺路线,确定零件的定位基准和装夹方式、切削方法及工艺参数等。在传统加工工艺中,工件的位置尺寸、精度是靠专用夹具、钻模等保证的,但在数控加工工艺中,绝大多数位置尺寸和精度要求都是靠机床的功能和定位精度来保证的,需通过检测计量来确认。所以,数控加工工艺规程中增加了较多需计量、检测的尺寸和几何公差。由于数控加工的自动化程度较高,而且数控加工的影响因素较多,比较复杂,所以数控加工工艺设计必须周密、严谨。

二、拟订数控加工工艺的主要内容

数控加工工艺主要包括以下内容:

（1）选择适合数控机床加工的零件。

（2）对零件图样进行数控加工工艺分析，明确数控加工内容及技术要求。

（3）确定零件的加工方案，制订数控加工工艺路线，如划分工序、安排加工顺序等。

（4）设计加工工序。如确定加工余量，确定工件的定位、装夹与夹具，选择刀具，确定对刀与换刀点，选择切削用量。

（5）零件图样的数学处理及编程尺寸设定值的确定。

（6）加工程序的编写、校验和修改。

（7）首件试加工与现场问题处理。

（8）数控加工工艺技术文件的定型与归档。

三、数控加工的适用范围

在普通机床上无法加工，或虽能加工但需要大量工时、且很难保证质量的零件，均适宜应用数控加工。如形状复杂，具有用数学模型描述的复杂曲线或曲面轮廓且加工精度要求高的零件；具有难以测量、控制进给、控制尺寸的不开敞内腔的壳体盒形零件；必须在一次装夹中完成铣削、镗削、锪孔、铰削或攻螺纹等多工序的零件。数控加工最适合加工具有以下特点的零件：

（1）多品种，中小批生产的零件。

（2）工序集中，形状结构比较复杂的零件。

（3）处于试制研发阶段，需要频繁改型的零件。

（4）生产周期短的急需零件。

（5）价格昂贵，不允许报废的关键零件。

四、数控车削加工的主要对象

数控车削是数控加工中用得最多的加工方法之一，针对数控车床的特点，下列几种零件适合数控车削加工。

（1）轮廓形状复杂或难以控制尺寸的回转体零件　如图 4-19 所示的"口小肚大"壳体零件的内表面。

（2）精度要求高的回转体零件　数控车床可方便和精确地实现人工补偿和自动补偿，刀具运动是通过高精度的插补运算和伺服驱动装置来控制的，可实现精度要求较高的回转体零件加工，如图 4-20 和图 4-21 所示的凸轮轴、曲轴等。

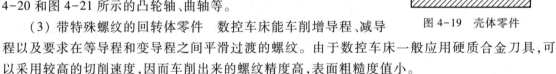

图 4-19　壳体零件

（3）带特殊螺纹的回转体零件　数控车床能车削增导程、减导程以及要求在等导程和变导程之间平滑过渡的螺纹。由于数控车床一般应用硬质合金刀具，可以采用较高的切削速度，因而车削出来的螺纹精度高，表面粗糙度值小。

五、数控铣削加工的主要对象

数控铣削加工的主要对象如下：

（1）平面类零件　加工面平行或垂直于水平面，或与水平面间的夹角为定角的零件称为平面类零件。图 4-22 所示的零件均属于平面类零件,平面类零件的特点是加工面是平面或可以展开成平面,例如曲线轮廓面 M(图 4-22 a)和正圆台侧面 N(图 4-22 c)展开后均为平面。图 4-22b 所示 P 为斜平面。目前,在数控铣床上加工的绝大多数零件都属于平面类零件。这类零件是数控铣削中最简单的一类零件,一般只需用三坐标数控铣床的两坐标联动就可以把它们加工出来。

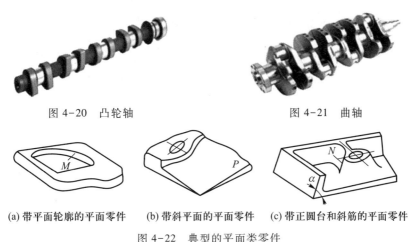

图 4-20　凸轮轴　　　　　　　　图 4-21　曲轴

(a) 带平面轮廓的平面零件　(b) 带斜平面的平面零件　(c) 带正圆台和斜筋的平面零件

图 4-22　典型的平面类零件

（2）变斜角类零件　加工面与水平面的夹角呈连续变化的零件称为变斜角类零件。这类零件的特点是加工面不能展开为平面,但在加工中,铣刀圆周与加工面接触的瞬间为一条线。图 4-23 所示为飞机上的一种变斜角梁椽条,该零件第②肋至第⑤肋的斜角 α 从 $3°10'$ 均匀变化至 $2°32'$,第⑤肋至第⑨肋的斜角 α 均匀变化至 $1°20'$,第⑨肋到第⑩肋的斜角 α 又均匀变化至 $0°$。加工变斜角类零件最好采用四坐标或五坐标数控铣床摆角加工,在没有上述机床的情况下,也可采用三坐标数控铣床,通过两轴半联动用鼓形铣刀分层近似加工,但加工精度稍差。

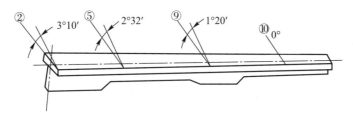

图 4-23　飞机上的变斜角梁椽条

（3）曲面类零件　加工面为空间曲面(立体类)的零件称为曲面类零件。曲面类零件的特点是加工面不能展开成平面,加工过程中加工面与铣刀始终为点接触。这类零件在数控铣床的加工中也较为常见,如图 4-24a 所示的复杂曲面、图 4-24b 所示的叶片等。加工曲面类零件一般采用球头铣刀在三坐标数控铣床上加工。精度要求不高的曲面通常采用两轴半联动加工,精度要求高的曲面需用三轴联动数控铣床加工。当曲面较复杂、通道较狭窄、会伤及毗邻表面及需刀具摆动时,要采用四坐标或五坐标铣床加工。

（4）孔　孔及孔系的加工可以在数控铣床上进行,如钻削、扩孔、铰削和镗削等加工。

（5）螺纹　内螺纹、外螺纹都可以在数控铣床上加工。根据螺纹的尺寸、表面粗糙度、公差等级要求和生产类型的不同,其加工方法及所采用的刀具也各不相同,在数控铣床或加工中心上,主要采用丝锥和螺纹铣刀进行加工。

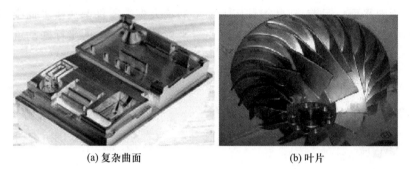

(a) 复杂曲面 　　　　　　　　　　　　　　(b) 叶片

图 4-24 复杂曲面、叶片

六、数控加工中心加工的主要对象

(1)既有平面又有孔系的零件

1)箱体类零件 如图 4-25 所示的零件,一般都需进行孔系、轮廓、平面的多工位加工,公差要求特别是几何公差要求较为严格,工艺复杂,加工周期长,成本高,加工精度不易保证。

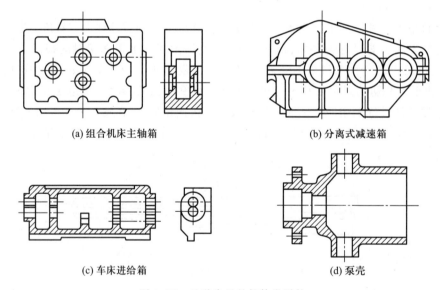

(a) 组合机床主轴箱 　　　　　　　　　　(b) 分离式减速箱

(c) 车床进给箱 　　　　　　　　　　　　(d) 泵壳

图 4-25 几种常见的箱体类零件

2)带孔系的平面类零件 是指带有键槽或径向孔、端面有分布孔系或曲面的盘套类零件,具有较多孔的板类零件等,图 4-26 所示为其中的一种带孔系的平面类零件。

(2)结构形状复杂、普通机床难以加工的零件

1)凸轮类零件 凸轮类零件有各种轮廓曲线的盘形凸轮(图 4-27a)、圆柱凸轮、圆锥凸轮和端面凸轮等。

2)整体叶轮类零件 整体叶轮类零件(图 4-27b)

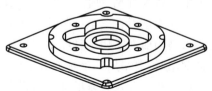

图 4-26 带孔系的平面类零件

除具有一般曲面加工的特点外,还存在许多特殊的加工难点,如通道狭窄,刀具很容易与加工表面以及邻近的曲面产生干涉等。

3)模具类零件　常见的模具类零件有锻压模具(图 4-27 c)、铸造模具、注塑模具及橡胶模具等。

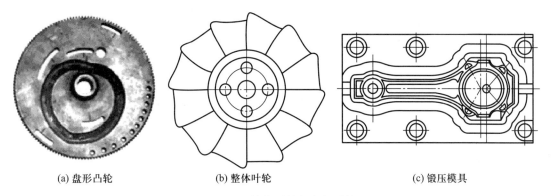

(a) 盘形凸轮　　　　　　　　(b) 整体叶轮　　　　　　　　(c) 锻压模具

图 4-27　结构形状复杂的零件

(3)外形不规则的异形零件

外形不规则的异形零件(图 4-28)大多要点、线、面多工位混合加工,加工系统刚性较差,夹紧力及切削力引起的变形难以控制,加工精度也难以保证,在普通机床上通常只能采取工序分散的原则加工,需用工装较多,周期较长。

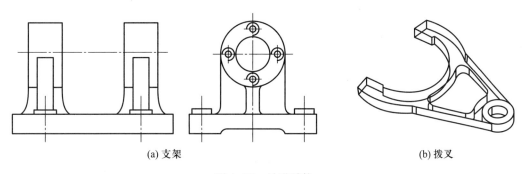

(a) 支架　　　　　　　　　　　　　　　(b) 拨叉

图 4-28　异形零件

(4)加工精度要求较高的中小批量零件

针对数控加工中心加工精度高、尺寸稳定的特点,对加工精度要求较高的中小批量零件,选择数控加工中心进行加工。

(5)加工周期性重复投产的零件

某些产品的市场需求具有周期性和季节性,采用数控加工中心首件试切完成后,程序和相关生产信息可保留下来,供以后反复使用。产品下次再投产时,只要很少的准备时间就可开始生产,以便尽快满足市场需求。

(6)新产品试制中的零件

新产品在定型之前需经反复试验和改进。选择数控加工中心试制新产品中的零件,可省去许多用通用机床加工所需的试制工装。

复 习 题

1. 试说明研磨、珩磨、超级光磨和抛光的加工原理。
2. 为什么研磨、珩磨、超级光磨能达到很高的加工表面质量？
3. 对于提高加工精度来说,研磨、珩磨、超级光磨和抛光的作用有何不同？为什么？
4. 研磨、珩磨、超级光磨和抛光各适用于何种场合？
5. 何谓精密加工、超精密加工？超精密加工应具备哪些基本条件？
6. 试说明电火花加工、电解加工、超声加工的基本原理。
7. 试说明激光加工、电子束加工、离子束加工的基本原理。
8. 特种加工有哪些共同特点？
9. 电火花加工、电解加工、超声加工、激光加工、电子束加工、离子束加工各适用于何种场合？
10. 电火花加工、电解加工、超声加工的工具都可以用硬度较低的材料制造,试分析这样有何优点。
11. 拟订数控加工工艺主要包括哪些内容？
12. 数控加工适合加工具有哪些特点的零件？

思考和练习题

4-1 超精密加工的难点是什么？

4-2 参照图 4-29,简述电火花加工的一般过程。

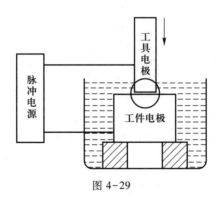

图 4-29

4-3 为什么说电化学加工在机理上有发展成为"纳米级加工"或"原子级加工"技术的可能性？真正实现要采取哪些措施？

4-4 请简述数控加工技术在现代制造业中的重要性。请举例说明数控加工技术在某个具体领域(如汽车制造、航空航天等)的应用。

4-5 分析数控加工与传统加工方法相比的优势和局限性,并探讨如何克服数控加工的局限性,以提高其应用效果。

第五章　典型表面加工分析

组成零件的各种典型表面,如外圆面、孔、平面、成形面、螺纹表面和齿轮齿面等,不仅要求加工成具有一定的形状和尺寸,同时还要求达到一定的技术要求,如尺寸精度、几何精度和表面质量等。

工件表面的加工过程,就是获得符合要求的零件表面的过程。由于零件的结构特点、材料性能和表面加工要求的不同,所采用的加工方法也不一样。即使是对于同一精度要求的零件,所采用的加工方法也是多种多样的。在选择某一表面的加工方法时,应遵循如下基本原则:

(1)所选加工方法的经济加工精度及加工表面粗糙度值要与加工表面的要求相适应。

(2)所选加工方法要与零件材料的切削加工性及产品的生产类型相适应。

(3)几种加工方法配合选用。要求较高的表面,往往不是仅用一种加工方法就能经济、高效地加工出来的。所以,应根据零件表面的具体要求,考虑各种加工方法的特点和应用,选用几种加工方法组合起来,完成零件表面的加工。

(4)表面加工要分阶段进行。对于要求较高的表面,一般不是只加工一次就能达到要求的,而要经过多次加工才能逐步达到要求。为了保证零件的加工质量,提高生产率和经济效益,整个加工过程应分阶段进行。一般加工过程分为粗加工、半精加工和精加工三个阶段。粗加工的目的是切除各加工表面上大部分加工余量,并完成精基准的加工。半精加工的目的是为各主要表面的精加工做好准备(达到一定的精度要求并留有精加工余量),并完成一些次要表面的加工。精加工的目的是获得符合精度和表面质量要求的表面。

粗加工时,背吃刀量和进给量大,切削力大,产生的切削热多。由于工件受力变形、受热变形以及内应力重新分布等,将破坏已加工表面的精度,因此只有在粗加工之后再进行精加工,才能保证零件的质量要求。

先进行粗加工,可以及时发现毛坯的缺陷(如砂眼、裂纹、局部余量不足等),避免因对不合格的毛坯继续加工而造成浪费。

加工分阶段进行,可以合理地使用机床,有利于精密机床保持其精度。

本章将通过对常见典型表面加工方案的分析,来说明各种加工方法的综合运用。

第一节　外圆面的加工

外圆面是轴、套、盘等类零件的主要表面或辅助表面,这类零件在机器中占有相当大的比例。不同零件上的外圆面或同一零件上不同的外圆面,往往具有不同的技术要求,需要结合具体的生产条件,拟订较合理的加工方案。

一、外圆面的技术要求

对外圆面的技术要求,大致可以分为如下三个方面:

(1)本身精度 直径和长度的尺寸精度、外圆面的圆度、圆柱度等形状精度等。

(2)位置精度 与其他外圆面或孔的同轴度、与端面的垂直度等。

(3)表面质量 主要指的是表面粗糙度要求,对于某些重要零件,还对表层硬度、残余应力和显微组织等有要求。

二、外圆面加工方案的分析

对于钢铁零件,外圆面加工的主要方法是车削和磨削。要求零件表面精度高、表面粗糙度值小时,往往还要进行研磨、超级光磨等加工。某些精度要求不高,仅要求光亮的表面,可以通过抛光来获得,但在抛光前要使加工表面达到较小的表面粗糙度值。对于塑性较大的有色金属(如铜、铝合金等)零件,由于其精加工不宜用磨削,常采用精细车削进行加工。

图 5-1 给出了外圆面加工方案的框图,可作为拟订加工方案的依据和参考。

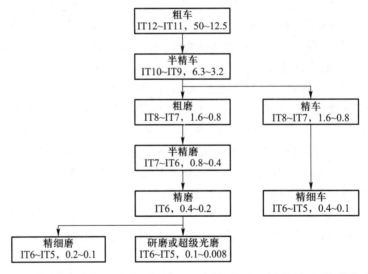

图 5-1 外圆面加工方案框图(图中",“号后的数字为表面粗糙度 Ra 值,单位为 μm)

(1)粗车 除淬硬钢以外,各种零件的加工都适合用粗车进行加工。当零件的外圆面要求精度低、表面粗糙度值较大时,只进行粗车即可。

(2)粗车—半精车 对于中等精度和表面粗糙度要求的未淬硬工件的外圆面,均可采用此方案。

(3)粗车—半精车—磨(粗磨或半精磨) 此方案最适于加工精度稍高、表面粗糙度值较小且淬硬的钢件外圆面,该方案也广泛用于加工未淬硬的钢件或铸铁件。

(4)粗车—半精车—粗磨—精磨 此方案的适用范围基本上与(3)相同,只是外圆面要求的精度更高、表面粗糙度值更小,需将磨削分为粗磨和精磨才能达到加工要求。

(5)粗车—半精车—粗磨—精磨—研磨(或超级光磨,镜面磨削) 此方案可达到很高的加工精度和很小的加工表面粗糙度值,但该方案不宜用于加工塑性大的有色金属零件。

(6)粗车—精车—精细车 此方案主要适用于精度要求高的有色金属零件的加工。

第二节 孔 的 加 工

孔是组成零件的基本表面之一,零件上有多种多样的孔,常见的有以下几种:

(1)紧固孔(如螺钉孔等)和其他非配合的油孔等。

(2)回转体零件上的孔,如套筒、法兰盘及齿轮上的孔等。

(3)箱体类零件上的孔,如床头箱箱体上的主轴和传动轴的轴承孔等。这类孔往往构成"孔系"。

(4)深孔,即 $L/D>5\sim10$ 的孔,如车床主轴上的轴向通孔等。

(5)锥孔,如车床主轴前端的锥孔以及装配用的定位销孔等。

这里仅讨论圆柱孔的加工方案。由于对各种孔的要求不同,也需要根据具体的生产条件,拟订较合理的加工方案。

一、孔的技术要求

与外圆面相似,孔的技术要求大致也可以分为三个方面:

(1)本身精度 孔径和孔长度的尺寸精度;孔的形状精度,如圆度、圆柱度及轴线的直线度等。

(2)位置精度 孔与孔,或孔与外圆面的同轴度;孔与孔,或孔与其他表面之间的尺寸精度、平行度、垂直度及角度等。

(3)表面质量 表面粗糙度和表层物理、力学性能要求等。

二、孔加工方案的分析

孔加工可以在车床、钻床、镗床、拉床或磨床上进行,大孔和孔系则常在镗床上加工。拟订孔的加工方案时,应考虑孔径的大小和孔的深度、精度和表面粗糙度等的要求,还要考虑工件的材料、形状、尺寸、质量和批量,以及车间的具体生产条件(如现有加工设备等)。

若在实体材料上加工孔(多属中、小尺寸的孔),必须先采用钻孔。若是对已经铸出或锻出的孔(多为中、大型孔)进行加工,则可直接采用扩孔或镗孔。

至于孔的精加工,铰孔和拉孔适于加工未淬硬的中、小直径的孔;中等直径以上的孔,可以采用精镗或精磨加工;淬硬的孔只能采用磨削加工。

在孔的精整加工方法中,珩磨多用于直径稍大的孔,研磨则对大孔和小孔都适用。

孔的加工条件与外圆面加工有很大不同,加工孔时刀具的刚度差,排屑、散热困难,切削液不易进入切削区,刀具易磨损。加工孔要比加工同样精度和表面粗糙度的外圆面困难,成本也高。

图5-2给出了孔加工方案的框图,可以作为拟订孔加工方案的依据和参考。

(1)在实体材料上加工孔的方案如下:

1)钻孔 用于加工IT10以下低精度的孔。

2）钻孔—扩孔（或镗孔） 用于加工 IT9 精度的孔，当孔径小于 30 mm 时钻孔后扩孔；若孔径大于 30 mm，采用钻孔后镗孔。

3）钻孔—铰孔 用于加工直径小于 20 mm、IT8 精度的孔。

4）钻孔—扩孔（或镗孔）—铰孔（或钻孔—粗镗—精镗，或钻孔—拉孔） 用于加工直径大于 20 mm、IT8 精度的孔。

5）钻孔—粗铰—精铰 用于加工直径小于 12 mm、IT7 精度的孔。

6）钻孔—扩孔（或镗孔）—粗铰—精铰（或钻孔—拉孔—精拉） 用于加工直径大于 12 mm、IT7 精度的孔。

7）钻孔—扩孔（或镗孔）—粗磨—精磨 用于加工 IT7 精度并已淬硬的孔。

IT6 精度孔的加工方案与 IT7 精度的孔基本相同，其最后工序要根据具体情况，分别采用精细镗、手铰、精拉、精磨、研磨或珩磨等精细加工方法。

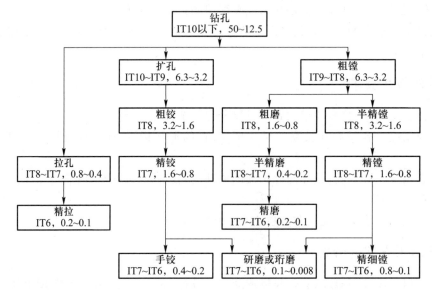

图 5-2 孔加工（在实体材料上）方案框图（图中“,”号后的数字为表面粗糙度 *Ra* 值，单位为 μm）

（2）铸（锻）件上已铸（锻）出的孔，可直接进行扩孔或镗孔，直径大于 100 mm 的孔，用镗孔比较方便。至于半精加工、精加工和精细加工，可参照在实体材料上加工孔的方案，例如采用粗镗—半精镗—精镗—精细镗、扩孔—粗磨—精磨—研磨（或珩磨）方案等。

第三节 平面的加工

平面是盘形和板形零件的主要表面，也是箱体类零件的主要表面之一。根据平面所起的作用不同，平面大致可以分为如下几种：

（1）非接合面，这类平面只是在有外观或防腐蚀需要时才进行加工；

（2）接合面和重要接合面，如零部件的固定连接平面等；

（3）导向平面，如机床的导轨面等；

（4）精密测量工具的工作面等。

由于平面的作用不同,其技术要求也不相同,应采用不同的加工方案。

一、平面的技术要求

与外圆面和孔不同,一般平面本身的尺寸精度要求不高,其技术要求主要有以下三个方面:

(1)形状精度,如平面度和直线度等。

(2)位置精度,如平面之间的尺寸精度以及平行度、垂直度等。

(3)表面质量,如表面粗糙度、表层硬度、残余应力、显微组织等。

二、平面加工方案的分析

根据平面的技术要求以及零件的结构形状、尺寸、材料和毛坯的种类,结合具体的加工条件(如现有设备等),平面可分别采用车削、铣削、刨削、磨削、拉削等方法加工。要求更高的精密平面,可以用刮研、研磨等进行精整加工。回转体零件的端面,多采用车削和磨削加工;其他类型的平面以铣削或刨削加工为主。拉削仅适于在大批大量生产中加工技术要求较高且面积不太大的平面,淬硬的平面则必须用磨削加工。

图 5-3 给出了平面加工方案的框图,可以作为拟订平面加工方案的依据和参考。

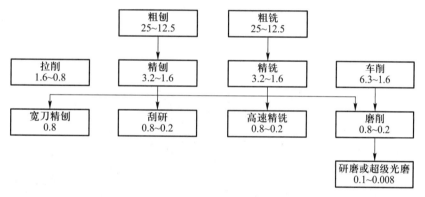

图 5-3 平面加工方案框图(图中数字为表面粗糙度 Ra 值,单位为 μm)

(1)粗刨或粗铣 用于加工低精度的平面。

(2)粗铣(或粗刨)—精铣(或精刨)—刮研 用于精度要求较高且不淬硬的平面。若平面的精度要求较低可以省去刮研加工。当生产批量较大时,可以采用宽刀精刨代替刮研,尤其是加工大型工件上狭长的精密平面(如导轨面等),当车间缺少导轨磨床时,多采用宽刀精刨的方案。

(3)粗铣(刨)—精铣(刨)—磨削 多用于加工精度要求较高且淬硬的平面。不淬硬的钢件或铸铁件上较大平面的精加工往往也采用此方案,但此方案不宜精加工塑性大的有色金属工件。

(4)粗铣—半精铣—高速精铣 最适于高精度有色金属工件的加工。若采用高精度高速铣床和金刚石刀具,铣削表面粗糙度 Ra 值可达 0.008 μm 以下。

(5)粗车—精车 主要用于加工轴、套、盘等类工件的端面。大型盘类工件的端面一般在立式车床上加工。

第四节 成形面的加工

带有成形面的零件在机器上用得也相当多,如内燃机凸轮轴上的凸轮、汽轮机的叶片、机床的手把等。

一、成形面的技术要求

与其他表面类似,成形面的技术要求也包括尺寸精度、几何精度及表面质量等。但是,成形面往往是为了实现特定功能而专门设计的,因此其表面形状的要求是十分重要的。加工时,刀具的切削刃形状和切削运动应首先满足表面形状的要求。

二、成形面加工方法的分析

一般的成形面可以分别用车削、铣削、刨削、拉削或磨削等方法加工,这些加工方法可以归纳为如下两种基本方式:

(1)用成形刀具加工 即用切削刃形状与工件廓形相符合的刀具直接加工出成形面。例如,用成形车刀车成形面(图5-4)、用成形铣刀铣成形面(图3-33f,图5-11b、c)等。

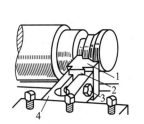

1—成形车刀;2—燕尾;3—夹紧螺钉;4—刀夹

图5-4 用成形车刀车成形面

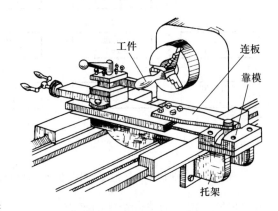

图5-5 用靠模车成形面

用成形刀具加工成形面,机床的运动和结构比较简单,操作也简便,但是刀具的制造和刃磨比较复杂(特别是成形铣刀和拉刀),成本较高。而且,这种方法的应用受工件成形面尺寸的限制,不宜用于加工刚度差而成形面较宽的工件。

(2)利用刀具和工件作特定的相对运动进行加工 用靠模装置车削成形面(图5-5)就是这种加工方式的一种,此外,还可以利用手动、液压仿形装置或数控装置等,来控制刀具与工件之间特定的相对运动。随着数控加工技术的发展及数控加工设备的广泛应用,用数控机床加工成形面已成为主要的加工方法。

利用刀具和工件作特定的相对运动来加工成形面,刀具比较简单,并且加工成形面的尺寸范围较大。但是,机床的运动和结构都较复杂,成本也高。

成形面的加工方法应根据零件的尺寸、形状及生产类型等来选择。

小型回转体零件上形状不太复杂的成形面,在大批大量生产时,常用成形车刀在自动或半自动车床上加工,批量较小时,可用成形车刀在普通车床上加工。

成形的直槽和螺旋槽等,一般可用成形铣刀在万能铣床上加工。

大批大量生产尺寸较大的成形面时,多采用仿形车床或仿形铣床加工;单件小批生产时,可借助样板在普通车床上加工,或者依据划线在铣床或刨床上加工,但这种方法的加工质量和效率较低。为了保证加工质量和提高生产率,在单件小批生产中可应用数控机床加工成形面。

大批大量生产中,为了加工一定的成形面,常常专门设计和制造专用的拉刀或专门化的机床,例如加工凸轮轴上凸轮的凸轮轴车床、凸轮轴磨床等。

对于淬硬的成形面,或要求精度高、表面粗糙度值小的成形面,其精加工则要采用磨削,甚至要采用精整加工。

第五节　螺纹的加工

螺纹也是零件上常见的表面之一,它有多种形式,按用途的不同可分为如下两类:

(1)紧固螺纹　用于零件间的固定连接,常用的有普通螺纹和管螺纹等,螺纹牙型多为三角形。对普通螺纹的主要要求是可旋入性和连接的可靠性;对管螺纹的主要要求是密封性和连接的可靠性。

(2)传动螺纹　用于传递动力、运动或位移,如丝杠和测微螺杆的螺纹等,其牙型多为梯形或锯齿形。对于传动螺纹的主要要求是传动准确、可靠,螺牙接触良好及耐磨等。

一、螺纹的技术要求

螺纹也和其他类型的表面一样,有一定的尺寸精度、几何精度和表面质量的要求。由于它们的用途和使用要求不同,对其技术要求也有所不同。

对于紧固螺纹和无传动精度要求的传动螺纹,一般只要求中径、外螺纹的大径、内螺纹的小径的精度。

对于有传动精度要求或用于读数的螺纹,除要求中径和顶径的精度外,还要求螺距和牙型角的精度。为了保证螺纹传动精度或读数精度及耐磨性,对螺纹表面的表面粗糙度和硬度等也有较高的要求。

二、螺纹加工方法的分析

螺纹的加工方法很多,可以在车床、钻床、螺纹铣床、螺纹磨床等机床上利用不同的工具进行加工。选择螺纹的加工方法时要考虑的因素较多,其中主要的是工件形状、螺纹牙型、螺纹的尺寸和精度、工件材料和热处理以及生产类型等。表 5-1 列出了常见螺纹加工方法所能达到的精度和表面粗糙度,可以作为选择螺纹加工方法的依据和参考。

表 5-1　常见螺纹加工方法所能达到的精度和表面粗糙度

加工方法	公差等级(GB/T 197—2018)	表面粗糙度 $Ra/\mu m$
攻螺纹(俗称攻丝)	8~6	6.3~1.6

续表

加工方法	公差等级(GB/T 197—2018)	表面粗糙度 $Ra/\mu m$
套螺纹(俗称套扣)	8~7	3.2~1.6
车　削	8~4	1.6~0.4
铣刀铣削	8~6	6.3~3.2
旋风铣削	8~6	3.2~1.6
磨　削	6~4	0.4~0.1
研　磨	4	0.1
滚　压	8~4	0.8~0.1

本节仅简要地介绍如下几种常见的螺纹加工方法。

1. 攻丝和套扣

攻丝和套扣是应用较广的螺纹加工方法。对于小尺寸的内螺纹,攻丝几乎是唯一有效的加工方法。单件小批生产中,可以用手用丝锥手工攻丝;当批量较大时,应在车床、钻床或攻丝机上用机用丝锥加工。套扣的螺纹直径一般不超过 16 mm,套扣既可以手工操作,也可以在机床上进行。

由于攻丝和套扣的加工精度较低,主要用于加工精度要求不高的普通螺纹。

2. 车螺纹

车螺纹是螺纹加工的基本方法,它可以使用通用设备,刀具简单,适应性广,可用来加工各种形状、尺寸及精度的内、外螺纹,特别适于加工尺寸较大的螺纹。但是,车螺纹的生产率较低,加工质量取决于工人的技术水平以及机床、刀具本身的精度,所以主要用于单件小批生产。对于不淬硬精密丝杠的加工,通常利用精密车床车削,可以获得较高的加工精度和较小的加工表面粗糙度值。

螺纹车削是成形面车削的一种,刀具为具有螺纹牙型廓形的成形车刀。当生产批量较大时,为了提高生产率,常采用螺纹梳刀(图 5-6)进行车削。螺纹梳刀实质上是一种多齿的螺纹车刀,只要一次走刀就能切出全部螺纹,生产率较高。但是,一般的螺纹梳刀加工精度不高,不能加工精密螺纹。此外,螺纹附近有轴肩的工件也不能用螺纹梳刀加工。

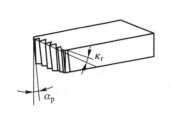

(a) 平体螺纹梳刀　　　　(b) 棱体螺纹梳刀　　　　(c) 圆体螺纹梳刀

图 5-6　螺纹梳刀

3. 铣螺纹

在成批和大量生产中,广泛采用铣削加工螺纹。铣螺纹一般都在专门的螺纹铣床上进行,根

据所用铣刀结构的不同,可以分为如下两种方法:

（1）用盘形螺纹铣刀铣削（图5-7）　这种方法一般用于加工尺寸较大的传动螺纹,由于加工精度较低,通常只作为粗加工,然后用车削进行精加工。

（2）用梳形螺纹铣刀铣削（图5-8）　一般用于加工螺距不大,短的三角形内、外螺纹。加工时,工件只需转一转多一点就可以切出全部螺纹,因此生产率较高。用这种方法可以加工靠近轴肩或盲孔底部的螺纹,且不需要退刀槽,但其加工精度较低。

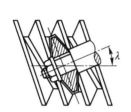

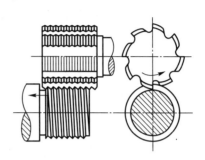

图5-7　盘形螺纹铣刀铣螺纹　　　　　图5-8　梳形螺纹铣刀铣螺纹

4. 磨螺纹

磨螺纹常用于淬硬螺纹的精加工。例如丝锥、螺纹量规、滚丝轮及精密螺杆上的螺纹,为了修正热处理引起的变形,提高螺纹的加工精度,必须进行磨削。螺纹磨削一般在专门的螺纹磨床上进行。螺纹在磨削之前,可以用车削、铣削等方法进行预加工,而对于小尺寸的精密螺纹,也可以不经预加工而直接磨出螺纹。

根据所用砂轮形状的不同,外螺纹的磨削可以分为单线砂轮磨削（图5-9）和多线砂轮磨削（图5-10）。

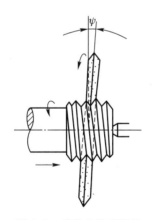

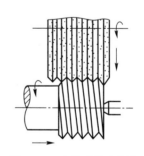

图5-9　单线砂轮磨螺纹　　　　　　图5-10　多线砂轮磨螺纹

用单线砂轮磨螺纹,砂轮的修整较方便,加工精度较高,可以加工较长的螺纹。而用多线砂轮磨螺纹,砂轮的修整比较困难,加工精度低于前者,仅适于加工较短的螺纹。多线砂轮磨削中,工件转 $1\frac{1}{3} \sim 1\frac{1}{2}$ 转就可以完成磨削加工,生产率较单线砂轮磨削高。

直径大于30 mm的内螺纹,也可以用单线砂轮磨削。

第六节 齿轮齿形的加工

齿轮是传递运动和动力的重要零件,目前在机械、仪器、仪表中应用很广泛。产品的工作性能、承载能力、使用寿命及工作精度等,都与齿轮本身的质量有着密切关系。

随着生产和科学技术的发展,要求机械产品的工作精度越来越高,传递的功率越来越大,转速也越来越高,因此,对齿轮及其传动精度提出了更高的要求。

一、齿轮的技术要求

由于齿轮在使用上的特殊性,对齿轮除了有一般的尺寸精度、几何精度和表面质量要求外,还有一些特殊的要求。虽然各种机械上齿轮传动的用途不同,要求不一样,但归纳起来对齿轮有如下四项要求:

(1)传递运动的准确性 即要求齿轮在一转内最大转角误差限制在一定的范围内。

(2)传动的平稳性 即要求齿轮传动瞬时传动比的变化不能过大,以免引起冲击,产生振动和噪声,甚至导致整个齿轮的破坏。

(3)载荷分布的均匀性 即要求齿轮啮合时齿面接触良好,以免引起应力集中,造成齿面局部磨损,影响齿轮的使用寿命。

(4)传动侧隙 即要求齿轮啮合时非工作齿面间应具有一定的间隙,以便储存润滑油,补偿因温度变化和弹性变形引起的尺寸变化以及加工和安装误差的影响。如果没有传动侧隙,齿轮在工作中可能卡死或烧伤。

对于以上四项要求,不同齿轮会因用途和工作条件的不同而有所不同。例如,控制系统、分度机构和读数装置中的齿轮传动,主要要求传递运动的准确性和一定的传动平稳性,而对载荷分布的均匀性要求不高,但要求其有较小的传动侧隙,以减小反转时的回程误差。机床和汽车等变速箱中速度较高的齿轮传动,主要要求传动的平稳性。轧钢机和起重机等的低速重载齿轮传动,既要求载荷分布的均匀性,又要求有足够大的传动侧隙。汽轮机、减速器等的高速重载齿轮传动,四项精度都要求很高。总之,这四项精度要求,相互间既有一定联系,又有主次之分,各有所不同,应根据具体的用途和工作条件来确定。

齿轮的结构形式多种多样,常见的有圆柱齿轮、锥齿轮及蜗杆、蜗轮等,其中以圆柱齿轮应用最广。一般机械上所用的齿轮多为渐开线齿形;仪表中的齿轮常为摆线齿形;矿山机械、重型机械中的齿轮,有时采用圆弧齿形等。本节仅介绍渐开线圆柱齿轮齿形的加工。

国家标准 GB/T 10095.1—2022 对渐开线圆柱齿轮及齿轮副规定了 13 个精度等级,精度由高到低依次为 0、1、2、3、…、12 级。其中 0、1、2 级是为发展远景而规定的,目前加工工艺尚未达到这样高的水平。7 级精度为基本级精度,是在实际使用(或设计)中普遍应用的精度等级。在加工中,基本级精度就是在一般条件下,应用普通的滚齿、插齿、剃齿三种切齿工艺所能达到的精度等级。齿轮副中两个齿轮的精度等级一般取成相同,也允许取成不同。

二、齿轮齿形加工方法的分析

齿形加工是齿轮加工的核心和关键,目前制造齿轮主要采用切削加工,也可以用铸造或辗压

（热轧、冷轧）等方法进行加工。铸造齿轮的精度低，表面粗糙；辗压齿轮生产率高，加工的齿轮力学性能好，但加工精度仍低于切齿齿轮，未被广泛采用。

按加工原理的不同，用切削加工的方法加工齿轮齿形可以分为如下两大类：

（1）成形法（也称仿形法）　是指用与被切齿轮齿间形状相符的成形刀具，直接切出齿形的加工方法，如铣齿、成形法磨齿等。

（2）展成法（也称范成法或包络法）　是指利用齿轮刀具与被切齿轮的啮合运动（或称展成运动）切出齿形的加工方法，如插齿、滚齿、剃齿和展成法磨齿等。

齿轮齿形加工方法的选择，主要取决于齿轮精度、齿面表面粗糙度的要求以及齿轮的结构、形状、尺寸、材料和热处理状态等。表5-2所列出的4~9级精度圆柱齿轮常用的最终加工方法，可作为选择齿形加工方法的依据和参考。

表5-2　4~9级精度圆柱齿轮的常用最终加工方法

精 度 等 级	齿面粗糙度值 $Ra/\mu m$	齿面最终加工方法
4（特别精密）	≤0.2	精密磨齿，对于大齿轮，精密滚齿后研齿或剃齿
5（高精密）	≤0.2	同上
6（高精密）	≤0.4	磨齿，精密剃齿，精密滚齿、插齿
7（精密）	1.6~0.8	滚齿、剃齿或插齿，对于淬硬齿面：磨齿、珩齿或研齿
8（中等精度）	3.2~1.6	滚齿、插齿
9（低精度）	6.3~3.2	铣齿、粗滚齿

具体齿轮加工方法分析如下。

1. 铣齿

通常利用成形齿轮铣刀在万能铣床上加工齿轮齿形（图5-11）。加工时，工件安装在分度头上，用盘形齿轮铣刀（$m<10~16$）或指形齿轮铣刀（一般 $m>10$），对齿轮的齿间进行铣削，加工完一个齿间后进行分度，再铣下一个齿间。

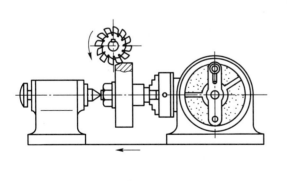

(b) 盘形齿轮铣刀铣齿

(c) 指形齿轮铣刀铣齿

(a) 铣齿方法

图 5-11　铣齿

铣齿具有如下特点：

（1）成本较低　铣齿可以在通用铣床上进行，刀具也比其他齿轮刀具简单。

（2）生产率较低　铣刀每切一个齿间，都要重复消耗切入、切出、退刀以及分度等辅助时间。

（3）加工精度较低　模数相同而齿数不同的齿轮，其齿形渐开线的形状是不同的，齿数愈多，渐开线的曲率半径愈大。铣切齿形的精度主要取决于铣刀的齿形精度。从理论上讲，同一模数不同齿数的齿轮都应该用专门的铣刀加工。这样就需要很多规格的铣刀，使生产成本大为增加。为了降低加工成本，实际生产中，把同一模数的齿轮按齿数划分成若干组（通常分为 8 组或 15 组），每组采用同一个刀号的铣刀加工。表 5-3 列出了将同一模数的齿轮分成 8 组时各号铣刀加工的齿数范围。各号铣刀的齿形是按该组内最小齿数齿轮的齿形设计和制造的，加工其他齿数的齿轮时，只能获得近似齿形，产生齿形误差。另外，铣床所用的分度头是通用附件，分度精度不高，致使铣齿的加工精度较低。

表 5-3　齿轮铣刀的分号

铣 刀 号 数	1	2	3	4	5	6	7	8
能铣削的齿数范围	12~13	14~16	17~20	21~25	26~34	35~54	55~134	135 以上

铣齿不但可以加工直齿、斜齿和人字齿圆柱齿轮，而且还可以加工齿条和锥齿轮等。但由于铣齿的上述特点，它仅适用于单件小批生产或维修工作中加工精度不高的低速齿轮。

2. 插齿和滚齿

插齿和滚齿虽都属于展成法加工，但是由于它们所用的刀具和机床不同，其具体加工原理、切削运动、工艺特点和应用范围也不相同。

（1）插齿原理及运动　插齿用插齿刀在插齿机上加工齿轮的轮齿，它是基于一对圆柱齿轮相啮合的原理进行加工的。如图 5-12 所示，相啮合的一对圆柱齿轮，若其中一个是工件（齿轮坯），另一个用高速钢制造，并在轮齿上磨出前角和后角形成切削刃（一个顶刃和两个侧刃），再进行必要的切削运动，即可在工件上切出轮齿来，后者就是齿轮形的插齿刀。

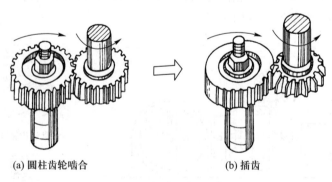

|（a）圆柱齿轮啮合 | （b）插齿 |

图 5-12　插齿的加工原理

插直齿圆柱齿轮时，用直齿插齿刀，其运动如下（图 5-13）：

1）主运动　即插齿刀的往复直线运动，常以单位时间（每分或每秒）内往复行程数 n_r 表示，单位为 st/min（或 st/s）。

2）分齿运动（展成运动）　即维持插齿刀与被切齿轮之间啮合关系的运动。在这一运动中,插齿刀刀齿的切削刃包络形成齿轮的齿廓,并连续进行分度。如果插齿刀的齿数为 z_0,被切齿轮的齿数为 z_w,则插齿刀转速 n_0 与被切齿轮转速 n_w 之间应严格保证如下关系:

$$n_w/n_0 = z_0/z_w$$

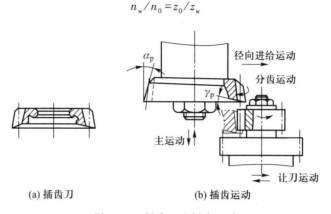

(a) 插齿刀　　　　　(b) 插齿运动

图 5-13　插齿刀和插齿运动

3) 径向进给运动　插齿时,插齿刀不能一开始就切到轮齿的全齿深,需要逐渐切入。在分齿运动的同时,插齿刀要沿工件的半径方向作进给运动。插齿刀每往复一次径向移动的距离,称为径向进给量。当进给运动到要求的深度时,径向进给运动停止,分齿运动继续进行,直到加工完成。

4) 让刀运动　为了避免插齿刀在返回行程中刀齿的后面与工件的齿面发生摩擦,在插齿刀返回时工件要让开一些,而当插齿刀进入工作行程时工件又恢复原位,这种运动称为让刀运动。

加工斜齿圆柱齿轮时要用斜齿插齿刀。除上述四个运动外,在插齿刀作往复直线运动的同时,插齿刀还要有一个附加的转动,以便使刀齿切削运动的方向与工件的齿向一致。

(2) 滚齿原理及运动　滚齿用齿轮滚刀在滚齿机上加工齿轮的轮齿,它实质上是基于一对螺旋齿轮相啮合的原理进行加工的。如图 5-14a 所示,相啮合的一对螺旋齿轮,当其中一个齿轮的螺旋角很大、齿数很少(一个或几个)时(图 5-14b),其轮齿变得很长,将绕好多圈而变成了蜗杆。若这个蜗杆用高速钢等刀具材料制造,并在其螺纹的垂直方向(或轴向)开出若干个容屑槽,形成刀齿及切削刃,它就变成了齿轮滚刀(图 5-14c),再进行必要的切削运动,即可在工件上滚切出轮齿来。齿轮滚刀容屑槽的一个侧面是刀齿的前面,它与蜗杆螺纹表面的交线即是切削刃(一个顶刃和两个侧刃)。为了获得必要的后角,并保证在重磨前面后齿形不变,刀齿的后面应当是铲背面。

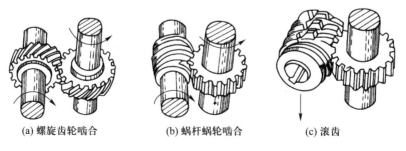

(a) 螺旋齿轮啮合　　　　(b) 蜗杆蜗轮啮合　　　　(c) 滚齿

图 5-14　滚齿的加工原理

滚切直齿圆柱齿轮时,其运动如下(图 5-15):

1) 主运动 即齿轮滚刀的旋转,其转速以 n_0 表示。

2) 分齿运动(展成运动) 即维持齿轮滚刀与被切齿轮之间啮合关系的运动。在这一运动中,齿轮滚刀刀齿的切削刃包络形成齿轮的齿廓,并连续进行分度。如果齿轮滚刀的头数为 k,被切齿轮的齿数为 z_w,齿轮滚刀转速 n_0 与被切齿轮转速 n_w 之间应严格保证如下关系:

$$n_w / n_0 = k / z_w$$

3) 轴向进给运动 为了在齿轮的全齿宽上切出齿形,齿轮滚刀需要沿工件的轴向作进给运动。工件每转一转齿轮滚刀移动的距离,称为轴向进给量。当全部轮齿沿齿宽方向都滚切完毕后,轴向进给运动停止,加工完成。

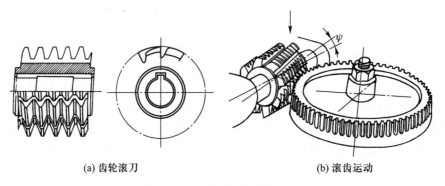

(a) 齿轮滚刀   (b) 滚齿运动

图 5-15 齿轮滚刀和滚齿运动

加工斜齿圆柱齿轮时,除上述三个运动外,在滚切的过程中,工件还需要有一个附加的转动,以便切出倾斜的轮齿。

(3) 插齿和滚齿的特点及应用

1) 插齿和滚齿的加工精度相当,且都比铣齿的加工精度高。插齿刀的制造、刃磨及检验均比齿轮滚刀方便,容易制造得较精确。但插齿机的分齿传动链较滚齿机复杂,增加了传动误差。综合起来看,插齿和滚齿的加工精度差不多。

由于插齿机和滚齿机皆为加工齿轮的专门化机床,其结构和传动机构都是按加工齿轮的特殊要求而设计和制造的,分齿运动的精度高于万能分度头的分齿精度。齿轮滚刀和插齿刀的精度也比齿轮铣刀的精度高,不存在像齿轮铣刀那样的齿形误差。因此,插齿和滚齿的加工精度都比铣齿高。

在一般条件下,插齿和滚齿能保证 8~7 级精度,若采用精密插齿或滚齿,可以达到 6 级精度,而铣齿仅能达到 9 级精度。

2) 插齿的齿面表面粗糙度值较小。插齿时,插齿刀沿齿宽连续切下切屑,而在滚齿和铣齿时,轮齿齿宽是由刀具多次断续切削而成的。此外,在插齿过程中,包络齿形的切线数量比较多,所以插齿的齿面表面粗糙度值较小。

3) 插齿的生产率低于滚齿而高于铣齿。插齿的主运动为往复直线运动,切削速度受到冲击和惯性力的限制,并且插齿刀有空回行程,所以一般情况下插齿的生产率低于滚齿。由于插齿和滚齿的分齿运动是在切削过程中连续进行的,省去了铣齿那样的单独分度时间,所以插齿和滚齿的生产率都比铣齿高。

4）插齿刀和齿轮滚刀加工齿轮齿数的范围较大。插齿和滚齿都可用同一模数的插齿刀或齿轮滚刀加工出模数相同而齿数不同的齿轮,不像铣齿那样,每个刀号的铣刀只能加工一定齿数范围的齿轮。

在齿轮齿形的加工中,滚齿应用最广泛,它不但能加工直齿圆柱齿轮,还可以加工斜齿圆柱齿轮、蜗轮等,但一般不能加工内齿轮和相距很近的多联齿轮。插齿的应用也比较多,除了可以加工直齿和斜齿圆柱齿轮外,尤其适于加工用齿轮滚刀难以加工的内齿轮、多联齿轮或带有台肩的齿轮等。

尽管滚齿和插齿所使用的刀具及机床比铣齿复杂,成本高,但由于其加工质量好,生产率高,在成批和大量生产中仍可获得很好的经济效果。即使在单件小批生产中,为了保证加工质量,也常常采用滚齿或插齿加工齿轮齿形。

3. 齿轮精加工简介

6级精度以上、齿面粗糙度 Ra 值小于 0.4 μm 的齿轮,在一般的滚齿、插齿加工之后,还需要进行精加工。齿轮精加工的方法主要有剃齿、珩齿、磨齿和研齿等。

（1）剃齿（图 5-16）　剃齿在原理上属于展成法加工。剃齿所用刀具称为剃齿刀,它的外形很像一个斜齿圆柱齿轮,齿形做得非常准确,并在齿面上开出许多小沟槽,以形成切削刃。在与被加工齿轮啮合运转过程中,剃齿刀齿面上众多的切削刃从工件齿面上剃下细丝状的切屑,从而提高了齿形精度,降低了齿面的表面粗糙度值。

加工直齿圆柱齿轮时,剃齿刀与工件之间的位置关系及运动情况如图 5-16b 所示。工件由剃齿刀带动旋转,时而正转,时而反转,正转时剃轮齿的一个侧面,反转时则剃轮齿的另一侧面。由于剃齿刀刀齿是倾斜的,其螺旋角为 β,要使它与工件啮合,必须使其轴线与工件轴线倾斜 β 角。这样,剃齿刀在 A 点的圆周速度 v_A 可以分解为两个分速度,即沿工件圆周切线的分速度 v_{An} 和沿工件轴线的分速度 v_{At}。v_{An} 使工件旋转,v_{At} 为齿面相对滑动速度,也就是剃齿时的切削速度。为了能够沿轮齿齿宽进行剃削,工件由工作台带动作往复直线运动。在工作台的每一往复直线运动行程终了时,剃齿刀相对于工件作径向进给,以便逐渐切除余量,得到所需的齿厚。

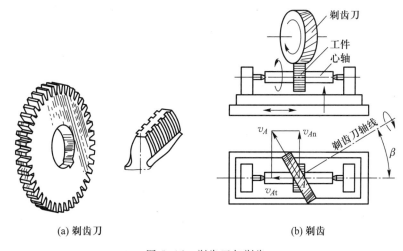

(a) 剃齿刀　　　　　　　　　　　　　　　(b) 剃齿

图 5-16　剃齿刀与剃齿

剃齿一般在剃齿机上进行,也可以在铣床等其他机床改装的设备上进行。剃齿的精度主要取决于剃齿刀的精度,较剃齿前约提高一级精度,可达 6~5 级精度。由于剃齿刀的耐用度和生产率较高,所用机床简单,调整方便,所以广泛用于齿面未淬硬(低于 35 HRC)的直齿和斜齿圆柱齿轮的精加工。当齿面硬度超过 35 HRC 时,就不能用剃齿加工,而要用珩齿或磨齿进行精加工。

(2)珩齿 珩齿与剃齿的原理完全相同,只不过不是用剃齿刀而是用珩磨轮进行加工。珩磨轮是用磨料与环氧树脂等浇铸或热压而成、具有很高齿形精度的斜齿圆柱齿轮。当它以很高的速度带动工件旋转时,就能在工件齿面上切除一层很薄的金属,使齿面粗糙度 Ra 值减小到 0.4 μm 以下。珩齿对齿形精度改善不大,主要是减小热处理后齿面的粗糙度值。

珩齿在珩齿机上进行,珩齿机与剃齿机的区别不大,但转速比剃齿机高得多。

(3)磨齿 磨齿用来精加工齿面已淬硬的齿轮,按加工原理的不同,也可以分为成形法磨齿和展成法磨齿两种。

1)成形法磨齿 需将砂轮靠外圆面处的两侧面修整成与工件齿间相吻合的形状,然后对已经切削过的齿间进行磨削(图 5-17)。成形法磨齿加工方法与用齿轮铣刀铣齿相似。虽然成形法磨齿的生产率比展成法磨齿高,但因砂轮修整较复杂,磨齿时砂轮磨损不均匀会降低齿形精度,加上机床分度精度的影响,它的加工精度较低,所以在实际生产中应用较少,展成法磨齿则应用较多。

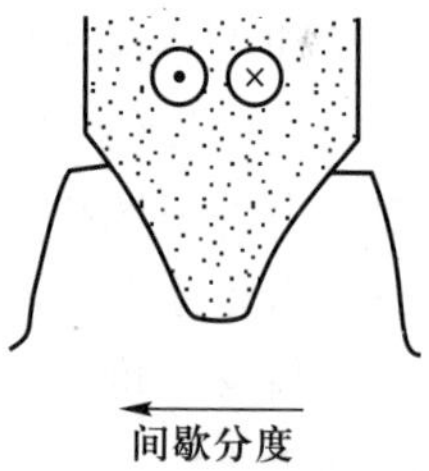

2)展成法磨齿 根据所用砂轮和机床的不同,展成法磨齿又可分为双斜边砂轮(或称锥面砂轮)磨齿和两个碟形砂轮(或称双砂轮)磨齿。

图 5-17 成形法磨齿

用双斜边砂轮磨齿把砂轮修整成锥面,以构成假想齿条的齿面(图 5-18)。砂轮高速旋转,同时沿工件轴向作往复运动,以便磨出全齿宽。工件则严格按照齿轮沿固定齿条作纯滚动的方式边转动边移动。如图 5-18 所示,当工件逆时针方向旋转并向右移动时,砂轮的右侧面磨削齿间 1 的右齿面;当齿间 1 的右齿面由齿根至齿顶磨削完毕后,机床使工件得到与上述运动完全相反的运动,利用砂轮的左侧面磨削齿间 1 的左齿面。当齿间 1 的左齿面磨削完毕后,砂轮自动退离工件,工件自动进行分度。分度后,砂轮进入齿间 2,重新开始磨削。如此自动循环,直至全部齿间磨削完毕。

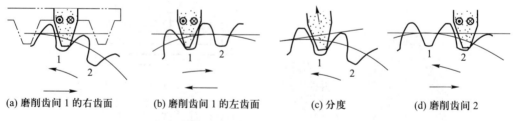

(a)磨削齿间 1 的右齿面 　(b)磨削齿间 1 的左齿面 　(c)分度 　(d)磨削齿间 2

图 5-18 用双斜边砂轮磨齿

用两个碟形砂轮磨齿(图 5-19),需把两个砂轮倾斜一定角度,其端面构成假想齿条两个(或一个)齿不同侧的两个齿面,同时对轮齿进行磨削。其加工原理与用双斜边砂轮磨齿完全相同,所不同的是用两个砂轮同时磨削一个齿间的两个齿面或两个不同齿间的左右齿面。此外,为了磨出全齿宽而必须进行的轴向往复运动,是由工件来完成的。

以上两种磨齿方法加工精度较高,一般可达 6~4 级精度。但展成法磨齿中齿面是由齿根至齿顶逐渐磨出的,而不像成形法磨齿为一次成形,故其生产率低于成形法磨齿。

由于磨齿机的价格昂贵,生产率又低,所以磨齿仅适用于精加工齿面淬硬的高速高精密齿轮。

为了提高磨齿的生产率,可以采用蜗杆形砂轮磨齿(图5-20),其加工原理与滚齿类似。由于蜗杆形砂轮磨齿采用连续分度以及很高的砂轮转速,所以生产率很高。但是,蜗杆形砂轮的修整很困难,故目前应用尚少。

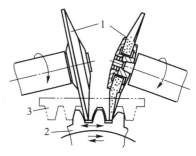

1—碟形砂轮;2—被加工齿轮;3—假想齿条

图 5-19　用两个碟形砂轮磨齿

(4)研齿　研齿是齿轮的精整加工方法之一,图 5-21 为其加工示意图。由电动机驱动的被研齿轮安装在三个研磨轮之间,带动三个轻微制动的研磨轮作无间隙的自由啮合运动,在啮合的齿面间加入研磨剂,利用齿面间的相对滑动,从齿面上切除一层极薄的金属。研磨直齿圆柱齿轮时,三个研磨轮中一个是直齿圆柱齿轮,另外两个是斜齿圆柱齿轮。为了在全齿宽上研磨齿面,工件还要沿其轴向作快速短行程的往复运动。研磨一定时间后,改变旋转方向,研磨另一齿面。

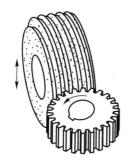

图 5-20　蜗杆形砂轮磨齿

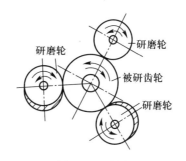

研磨轮　研磨轮　被研齿轮　研磨轮

图 5-21　研齿

研齿一般只能减小齿面粗糙度值(Ra 为 1.6~0.2 μm),以及去除热处理后产生的氧化皮,并不能提高齿形精度,研齿后的齿轮齿形精度主要取决于研齿前齿轮齿形的精度。研齿主要用于没有磨齿机或不便磨齿(如大型齿轮等)时齿面淬硬齿轮的精整加工。

复　习　题

1. 在零件的加工过程中,为什么常把粗加工和精加工分开进行?

2. 成形面的加工一般有哪几种方式?各有何特点?

3. 按加工原理的不同,齿轮齿形加工可以分为哪两大类?

4. 为什么在铣床上铣齿的精度和生产率皆较低?铣齿适用于什么场合?

5. 试说明插齿和滚齿的加工原理及运动。

6. 插齿和滚齿的加工精度和生产率为什么比铣齿高?

7. 插齿和滚齿各适于加工何种齿轮?

8. 剃齿、珩齿和磨齿各适用于什么场合?

思考和练习题

5-1 加工相同材料、尺寸、精度和表面粗糙度的外圆面和孔,哪一个更困难? 为什么?

5-2 试决定下列零件外圆面的加工方案:

1) 紫铜小轴,$\phi20h7$,Ra 值为 $0.8~\mu m$;

2) 45 钢轴,$\phi50h6$,Ra 值为 $0.2~\mu m$,表面淬火 $40\sim50$ HRC。

5-3 下列零件上的孔,用何种方案加工比较合理?

1) 单件小批生产中,铸铁齿轮的孔,$\phi20H7$,Ra 值为 $1.6~\mu m$;

2) 大批大量生产中,铸铁齿轮的孔,$\phi50H7$,Ra 值为 $0.8~\mu m$;

3) 高速钢三面刃铣刀的孔,$\phi27H6$,Ra 值为 $0.2~\mu m$;

4) 变速箱箱体(材料为铸铁)上传动轴的轴承孔,$\phi62J7$,Ra 值为 $0.8~\mu m$。

5-4 试决定下列零件上平面的加工方案:

1) 单件小批生产中,机座(铸铁)的底面,$L\times B=500~mm\times300~mm$,$Ra$ 值为 $3.2~\mu m$;

2) 成批生产中,铣床工作台(铸铁)台面,$L\times B=1~250~mm\times300~mm$,$Ra$ 值为 $1.6~\mu m$;

3) 大批大量生产中,发动机连杆(45 钢调质,$217\sim255$ HBW)侧面,$L\times B=25~mm\times10~mm$,$Ra$ 值为 $3.2~\mu m$。

5-5 车削螺纹时,主轴与丝杠之间能否采用带传动? 为什么?

5-6 车螺纹时,为什么必须用丝杠走刀?

5-7 下列零件上的螺纹,应采用哪种方法加工? 为什么?

1) 10 000 个标准六角螺母,M10-7 H;

2) 100 000 个十字槽沉头螺钉,M8×30-8h,材料为普通碳钢 Q235AF;

3) 30 件传动轴轴端的紧固螺纹,M20×1-6 h;

4) 500 根车床丝杠螺纹的粗加工,螺纹为 T32×6。

5-8 在大批大量生产中,若采用成形法加工齿轮齿形,怎样才能提高加工精度和生产率?

5-9 7 级精度的斜齿圆柱齿轮、蜗轮、扇形齿轮、多联齿轮和内齿轮,各采用什么方法加工比较合适?

5-10 齿面淬硬和齿面不淬硬的 6 级精度直齿圆柱齿轮,其齿形的精加工应采用什么方法?

第六章　工艺过程的基本知识

在实际生产中,由于零件的生产类型、材料、结构、形状、尺寸和技术要求等不同,针对某一零件,往往不是单独在一种机床上、用某一种加工方法就能完成的,而是要经过一定的工艺过程才能完成其加工。因此,不仅要根据零件的具体要求,结合现场的具体条件,对零件的各组成表面选择合适的加工方法,还要合理安排加工顺序,逐步地把零件加工出来。

对于某个具体零件,可以采用几种不同的工艺方案进行加工。虽然这些方案都可能加工出合格的零件,但从生产率和经济效益来看,可能其中只有一种方案比较合理且切实可行。因此,必须根据零件的具体要求和可能的加工条件等,拟订较为合理的工艺过程。本章将介绍与拟订工艺过程有关的一些问题。

第一节　基 本 概 念

一、生产过程和工艺过程

一台机器往往由几十个甚至上千个零件组成,其生产过程是相当复杂的。由原材料制成各种零件并装配成机器的全过程,称为生产过程,其中包括原材料的运输、保管、生产准备、制造毛坯、切削加工、装配、检验及试车、涂油漆和包装等。

生产过程中,直接改变原材料(或毛坯)的形状、尺寸或性能,使之变为成品的过程,称为工艺过程。例如毛坯的铸造、锻造和焊接,改变材料性能的热处理,零件的切削加工等,都属于工艺过程。工艺过程又包括若干道工序。

工序是指在一个工作地点对一个或一组工件所连续完成的那部分工艺过程。例如图 6-1所示的零件,其工艺过程可以分为如下三道工序:

工序 I:在车床上车外圆,车端面,镗孔和内孔倒角;

工序 II:在钻床上钻 6 个 $\phi 20$ 孔;

工序 III:在插床上插键槽。

在同一道工序中,工件可能要经过几次安装。如在工序 I 中,一般可能要安装两次:

第一次安装,用三爪卡盘夹住 $\phi 102$ 外圆,车端面 B,锐角倒钝,镗内孔 $\phi 60^{+0.03}_{0}$,内孔倒角,车$\phi 223$ 外圆;

第二次安装,调头用三爪卡盘夹住 $\phi 223$ 外圆,车端面 A,锐角倒钝,内孔倒角。

如果零件的批量较大,可能将这两次安装中的加工任务分配到两台车床上完成,那就变成了两道工序。由此可见,零件的工艺过程与其生产类型有密切联系。

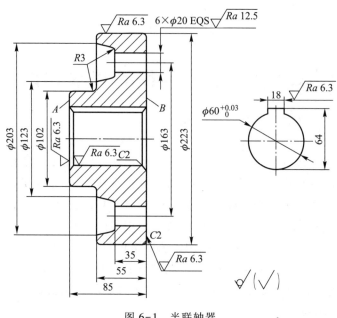

图 6-1 半联轴器

二、生产类型

工厂一年制造的合格产品的数量称为生产纲领(即年产量)。生产纲领是划分生产类型的依据,对工厂的生产过程及管理有着决定性的影响。

目前,按产品的年产量划分生产类型尚无十分严格的标准,表 6-1 可供参考。

表 6-1 生产类型的划分

生产类型		同一零件的年产量/件		
		重型零件 (质量>2 000 kg)	中型零件 (质量 100~2 000 kg)	轻型零件 (质量<100 kg)
单件生产		<5	<10	<100
成批生产	小批生产	5~100	10~200	100~500
	中批生产	100~300	200~500	500~5 000
	大批生产	300~1 000	500~5 000	5 000~50 000
大量生产		>1 000	>5 000	>50 000

根据产品零件的大小和生产纲领,机械制造生产一般可以分为三种不同的生产类型。

1. 单件生产

单个制造某一种零件,很少重复,甚至完全不重复的生产,称为单件生产。例如,重型机器制造厂以及试制和机修车间的生产,通常都是单件生产。

2. 成批生产

成批制造相同的零件,每隔一定时间又重复进行的生产,称为成批生产。每批制造的相同零件的数量,称为批量。根据批量的大小和产品的特征,成批生产又可分为小批生产、中批生产和大批生产。

　　由于小批生产与单件生产的工艺特点十分接近,大批生产与大量生产的工艺特点比较接近,因此在实际生产中往往分别将它们相提并论,即单件小批生产和大批大量生产,而成批生产仅指中批生产。一般机床制造厂的生产大多属于成批生产。

3. 大量生产

　　当同一产品的制造数量很多,在大多数工作地点经常重复进行一种零件某一工序的生产,称为大量生产。例如汽车制造厂、轴承厂等的生产通常都属于大量生产。

　　在拟订零件的工艺过程时,由于生产类型不同,所采用的加工方法、机床设备、工具夹具量具、毛坯以及对工人的技术要求等都有很大不同。各种生产类型的要求和特征列于表6-2。

表6-2　各种生产类型的要求和特征

	单件生产	成批生产	大量生产
机床设备	通用(万能)设备	通用的和部分专用的设备	广泛使用高效率专用设备
夹具	很少用专用夹具	广泛使用专用夹具	广泛使用高效率专用夹具
刀具和量具	一般刀具和通用量具	部分采用专用刀具和量具	高效率专用刀具和量具
毛坯	木模铸造和自由锻	部分采用金属模铸造和模锻	机器造型、压力铸造、模锻、滚锻等
对工人的技术要求	需要技术熟练的工人	需要技术比较熟练的工人	调整工要求技术熟练,操作工技术熟练程度要求较低

第二节　工件的安装和夹具

　　在进行机械加工时,把工件放在机床上,使它在夹紧之前就占有一个正确的位置,称为定位。在加工过程中,为了使工件能承受切削力,并保持其正确的位置,还必须把它压紧或夹牢。从工件定位到夹紧的整个过程,称为安装。

一、工件的安装

　　安装的正确与否直接影响加工精度;安装是否方便和迅速,又会影响辅助时间的长短,从而影响加工的生产率。因此,工件的安装对于加工的经济性、质量和效率有着重要的作用,必须给以足够的重视。

　　在各种不同的生产条件下加工时,工件可能有不同的安装方法,但归纳起来大致可以分为直接安装法和利用专用夹具安装法两类。

1. 直接安装法

　　工件直接安放在机床工作台或者通用夹具(如三爪卡盘、四爪卡盘、平口虎钳、电磁吸盘等标准附件)上,有时不另行找正即夹紧,例如利用三爪卡盘或电磁吸盘安装工件;有时则需要根据工件上某个表面或划线找正工件,再进行夹紧,例如在四爪卡盘或在机床工作台上安装工件。

用这种方法安装工件时,找正比较费时,且定位精度的高低主要取决于所用工具或仪表的精度,以及工人的技术水平,定位精度不易保证,生产率较低,所以通常仅适用于单件小批生产。

2. 利用专用夹具安装法

工件安装在为其加工专门设计和制造的夹具中,无须进行找正就可以迅速而可靠地保证工件对机床和刀具的正确相对位置,并且可以迅速夹紧。但由于夹具的设计、制造和维修需要一定的投资,所以只有在成批生产或大量生产中,这种安装法才能取得比较好的效益。对于单件小批生产,当采用直接安装法难以保证加工精度或非常费工时,也可以考虑采用专用夹具安装。例如,为了保证车床床头箱箱体各纵向孔的位置精度,在镗纵向孔时,若单靠人工找正,既费事又很难保证精度要求,因此有条件时可考虑使用镗模夹具(习惯上称镗模),如图6-2所示。

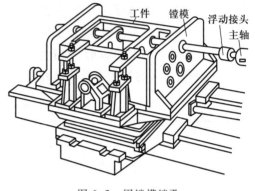

图6-2　用镗模镗孔

二、夹具简介

夹具是用来正确迅速安装工件的装置,以完成加工工件的某道工序。它对保证加工精度、提高生产率和减轻工人劳动量有很大作用。

1. 夹具的种类

夹具一般按适用范围分类,有时也可按其他特征进行分类。按适用范围的不同,机床夹具通常可以分为两大类:

(1) 通用夹具　是指结构已经标准化且有一定适用范围的夹具,这类夹具一般不需特殊调整就可以用于不同工件的装夹,它们的通用性较强,对于充分发挥机床的技术性能、扩大机床的使用范围起着重要作用。因此,有些通用夹具已成为机床的标准附件,随机床一起供应给用户。

(2) 专用夹具　是指为某一零件的加工而专门设计和制造的夹具,这种夹具没有通用性。利用专用夹具加工工件,既可以保证加工精度,又可提高生产率。

此外,还可以按夹紧力源的不同,将夹具分成手动夹具、气动夹具、电动夹具和液压夹具等。

单件小批生产中主要使用手动夹具,而成批和大量生产中则广泛采用气动夹具、电动夹具或液压夹具等。

2. 夹具的主要组成部分

图6-3所示为在轴上钻孔所用的一种简单的专用夹具。钻孔时,工件4以外圆面定位在夹具的长V形块2上,以保证所钻孔的轴线与工件轴线垂直相交。轴的端面与夹具上的挡铁1接触,以保证所钻孔的轴线与工件端面的距离。

工件在夹具上定位之后,拧紧夹紧机构3的螺杆,将工件夹牢,即可开始钻孔。钻孔时,利用钻套5定位并引导钻头。

尽管夹具的用途和种类各不相同,结构也各异,但其主要组

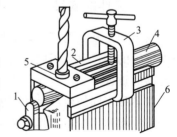

1—挡铁;2—V形块;3—夹紧机构;
4—工件;5—钻套;6—夹具体

图6-3　在轴上钻孔的夹具

成与上例相似,可以概括为如下几个部分:

（1）定位元件 夹具上用来确定工件正确位置的零件,例如图 6-3 所示夹具上的 V 形块和挡铁。常用的定位元件还有平面定位用的支承钉和支承板(图 6-4)、内孔定位用的心轴和定位销(图 6-5)等。

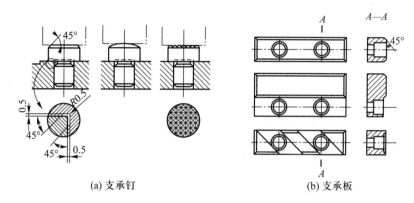

(a) 支承钉　　　　　　　　　　　(b) 支承板

图 6-4　平面定位用的定位元件

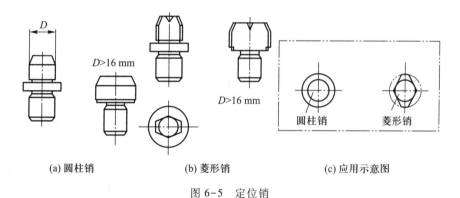

(a) 圆柱销　　　　　　(b) 菱形销　　　　　　(c) 应用示意图

图 6-5　定位销

（2）夹紧机构 工件定位后,将其夹紧以承受切削力等作用的机构。例如,图 6-3 所示的夹紧机构(包含螺杆和框架等)就是其中的一种。常用的夹紧机构还有螺钉压板和偏心压板等(图 6-6)。

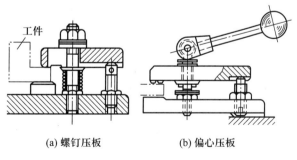

(a) 螺钉压板　　　　　　　(b) 偏心压板

图 6-6　夹紧机构

（3）导向元件 用来对刀和引导刀具进入正确加工位置的零件,例如图 6-3 所示夹具上的钻套。其他导向元件还有导向套、对刀块等。钻套和导向套主要用在钻床夹具(习惯上称钻模)和镗床夹具(图6-2)上,对刀块主要用在铣床夹具上。

(4)夹具体和其他部分　夹具体是夹具的基准零件,用它来连接并固定定位元件、夹紧机构和导向元件等,使之成为一个整体,并通过它将夹具安装在机床上。

根据加工工件的要求,有时还在夹具上设有分度机构、导向键、平衡铁和操作件等。

工件的加工精度在很大程度上取决于夹具的精度和结构,因此整个夹具及其零件都要具有足够的精度和刚度,并且结构要紧凑,形状要简单,装卸工件和清除切屑要方便。

第三节　工艺规程的拟订

为了保证产品质量、提高生产率和经济效益,把根据具体生产条件拟订的较合理的工艺过程,用图表(或文字)的形式写成文件,就是工艺规程。它是生产准备、生产计划、生产组织、实际加工及技术检验等的重要技术文件,是进行生产活动的基础资料。

根据生产过程中工艺性质的不同,工艺规程又可以分为毛坯制造、机械加工、热处理及装配等不同的工艺规程。本节仅介绍拟订机械加工工艺规程的一些基本问题。

一、零件的工艺分析

首先要熟悉整个产品(如整台机器)的用途、性能和工作条件,结合装配图了解零件在产品中的位置、作用、装配关系以及精度等技术要求对产品质量和使用性能的影响,然后从加工的角度对零件进行工艺分析。零件工艺分析的主要内容如下:

(1)检查零件的图样是否完整和正确　例如,视图是否足够、正确,所标注的尺寸、公差、表面粗糙度和技术要求等是否齐全、合理。并要分析零件主要表面的精度、表面质量和技术要求等在现有的生产条件下能否达到,以便采取适当的措施。

(2)审查零件材料的选择是否恰当　零件材料的选择应立足于国内,尽量采用我国资源丰富的材料,不要轻易选用贵重材料。另外还要分析所选的材料会不会使工艺变得困难和复杂。

(3)审查零件结构的工艺性　审查零件的结构是否符合工艺性一般原则的要求,在现有生产条件下能否经济、高效地加工出合格产品。

如果发现有问题,应与有关设计人员共同研究,按规定程序对原图样进行必要的修改与补充。

二、毛坯的选择及加工余量的确定

机械加工的加工质量、生产率和经济效益,在很大程度上取决于所选用的毛坯。常用的毛坯类型有型材、铸件、锻件、冲压件和焊接件等。影响毛坯选择的因素很多,例如生产类型,零件的材料、结构和尺寸,零件的力学性能要求,加工成本等。毛坯结构的设计已在本书上册中做了介绍,本节仅简要介绍与毛坯结构尺寸有密切关系的加工余量。

1. 加工余量的概念

为了加工出合格的零件,必须从毛坯上切去的那层材料,称为加工余量。加工余量分为工序余量和总余量。某工序中所需切除的那层材料,称为该工序的工序余量。从毛坯到成品总共需要切除的余量,称为总余量,它等于相应表面各工序余量之和。

在工件上留加工余量的目的,是为了切除上一道工序所留下来的加工误差和表面缺陷,例如铸件表面的硬质层、气孔、夹砂层、锻件及热处理件表面的氧化皮、脱碳层、表面裂纹,切削加工后的内应力层、较粗糙的表面和加工误差等,以保证获得所需要的零件加工精度和表面质量。

2. 工序余量的确定

毛坯上所留的加工余量不应过大或过小。毛坯的加工余量过大,则费料、费工、增加工具的消耗,有时还不能保留工件最耐磨的表面层。毛坯的加工余量过小,则不能保证切去工件表面的缺陷层,不能纠正上一道工序的加工误差,有时还会使刀具在不利的条件下进行切削,加剧刀具的磨损。

决定工序余量的大小时,应考虑在保证加工质量的前提下使余量尽可能小。由于各工序的加工要求和条件不同,余量的大小也不一样。一般说来,加工精度越高,工序余量越小。

目前,确定加工余量的方法有如下几种:

(1) 估计法　由工人和技术人员根据经验和本厂具体条件,估计确定各工序余量的大小。往往用估计法确定的加工余量偏大,为了不出废品,估计法仅适用于单件小批生产。

(2) 查表法　即根据各种工艺手册中的有关表格,结合具体的加工要求和条件,确定各工序的加工余量。由于手册中的数据是大量生产实践和试验研究的总结和积累,所以用查表法确定加工余量对一般的加工都能适用。

(3) 计算法　对于重要零件或大批大量生产的零件,为了更精确地确定各工序的余量,则要分析影响余量的因素,列出公式,计算出工序余量的大小。

三、定位基准的选择

在机械加工中,无论采用哪种安装方法,都必须使工件在机床或夹具上正确定位,以便保证被加工面的加工精度。

任何一个没受约束的物体,在空间都具有六个自由度,即沿三个互相垂直坐标轴的移动(用 $\vec{X}$、$\vec{Y}$、$\vec{Z}$ 表示)和绕这三个坐标轴的转动(用 $\overset{\curvearrowright}{X}$、$\overset{\curvearrowright}{Y}$、$\overset{\curvearrowright}{Z}$ 表示),如图 6-7 所示。因此,要使物体在空间占有确定的位置(即定位),就必须约束这六个自由度。

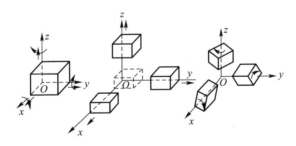

图 6-7　物体的六个自由度

1. 工件的六点定位原理

在机械加工中,要完全确定工件的正确位置,必须有六个相应的支承点来限制工件的六个自由度,称为工件的"六点定位原理"。如图 6-8 所示,可以设想六个支承点分布在三个互相垂直的坐标平面内。其中三个支承点在 Oxy 平面上,限制 $\vec{X}$、$\vec{Y}$ 和 $\vec{Z}$ 三个自由度;两个支承点在 Oxz 平面上,限制 $\vec{Y}$ 和 $\vec{Z}$ 两个自由度;最后一个支承点在 Oyz 平面上,限制 $\vec{X}$ 一个自由度。

如图 6-9 所示,在铣床上铣削一批工件上的沟槽时,为了保证每次安装中工件的正确位置,保证三个加工尺寸 X、Y、Z,就必须限制工件的六个自由度。这种情况称为完全定位。

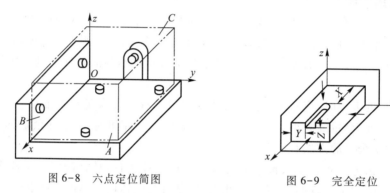

图 6-8 六点定位简图   图 6-9 完全定位

有时,为保证工件的加工尺寸,并不需要完全限制其六个自由度。如图 6-10 所示,图 a 为铣削一批工件的台阶面,为保证两个加工尺寸 Y 和 Z,只需限制 $\vec{Y}$、$\vec{Z}$、$\vec{X}$、$\vec{Y}$、$\vec{Z}$ 五个自由度即可;图 b 为磨削一批工件的顶面,为保证一个加工尺寸 Z,仅需限制 $\vec{X}$、$\vec{Y}$、$\vec{Z}$ 三个自由度。这种没有完全限制工件六个自由度的定位,称为不完全定位。

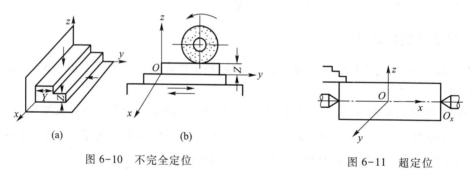

(a)   (b)

图 6-10 不完全定位   图 6-11 超定位

有时,为了增加工件在加工时的刚度,或者为了传递切削运动和动力,可能在同一个自由度方向上,有两个或更多的定位支承点。如图 6-11 所示,车削光轴的外圆面时,若用前后顶尖及三爪卡盘(夹住工件较短的一段)安装,前后顶尖已限制了 $\vec{X}$、$\vec{Y}$、$\vec{Z}$、$\vec{Y}$、$\vec{Z}$ 五个自由度,而三爪卡盘又限制了 $\vec{Y}$、$\vec{Z}$ 两个自由度,这样在 $\vec{Y}$ 和 $\vec{Z}$ 两个自由度的方向上,定位点多于一个,定位点重复了,这种情况称为超定位或过定位。由于三爪卡盘的夹紧力会使顶尖和工件变形,增加加工误差,是不合理的,但这是传递运动和动力所需要的。若改用卡箍和拨盘带动工件旋转,就避免了超定位。

2. 工件的基准

在零件的设计和制造过程中,要确定一些点、线或面的位置,必须以一些指定的点、线或面作为依据,这些作为依据的点、线或面称为基准。按照作用的不同,常把基准分为设计基准和工艺基准两类。

（1）设计基准　即设计时在零件图样上所使用的基准。如图 6-12 所示,齿轮内孔、外圆和分度圆的设计基准是齿轮的轴线,两端面可以认为是互为基准。

又如图 6-13 所示,表面 2、表面 3 和孔 4 轴线的设计基准是表面 1;孔 5 轴线的设计基准是孔 4 的轴线。

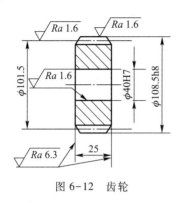

图 6-12　齿轮

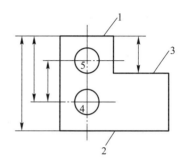

图 6-13　机座简图

（2）工艺基准　即在制造零件和装配机器的过程中所使用的基准。工艺基准又分为定位基准、度量基准和装配基准,它们分别用于工件加工时的定位、工件的测量检验和零件的装配。本节仅介绍定位基准。

例如,车削图 6-12 所示齿轮轮坯的外圆面和左端面时,若用已经加工过的内孔将工件安装在心轴上,则孔的轴线就是外圆面和左端面的定位基准。

必须指出的是,工件上作为定位基准的点或线,总是由具体表面来体现的,这个表面称为定位基准面。例如,图 6-12 所示齿轮孔的轴线并不具体存在,而是由内孔表面来体现的,所以确切地说,上例中的内孔是加工外圆面和左端面的定位基准面。

3. 定位基准的选择

合理选择定位基准,对保证加工精度、安排加工顺序和提高加工生产率有着重要的影响。从定位的作用来看,它主要是为了保证加工表面的位置精度。因此,选择定位基准的总原则,应该是从有位置精度要求的表面中选择定位基准。

（1）粗基准的选择　开始对毛坯进行机械加工时,第一道工序只能以毛坯表面定位,这种基准面称为粗基准(或毛基准)。它应该保证所有加工表面都具有足够的加工余量,而且各加工表面对不加工表面具有一定的位置精度。其选择的具体原则如下:

1）选取不加工的表面作粗基准　如图 6-14 所示,以不加工的外圆面作为粗基准,既可在一次安装中把绝大部分要加工的表面加工出来,又能够保证外圆面与内孔同轴以及端面与内孔轴线垂直。

如果零件上有几个不加工的表面,则应选择与加工表面相互位置精度要求高的表面作粗基准。

2）选取要求加工余量均匀的表面为粗基准　这样可以保证加工作为粗基准的表面时,加工余量均匀。例如车床床身(图 6-15),要求导轨面耐磨性好,希望在加工时只切去较小而均匀的一层余量,使其表层保留均匀一致的金相组织和物理力学性能。若先选择导轨面作粗基准加工床腿的底平面(图 6-15a),然后再以床腿的底平面为基准加工导轨(图 6-15b),就能达到此目的。

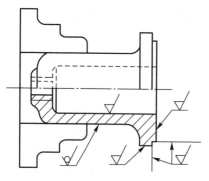

图 6-14 不加工表面作粗基准

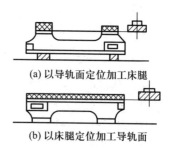

(a) 以导轨面定位加工床腿

(b) 以床腿定位加工导轨面

图 6-15 车床床身加工的粗基准

3）对于所有表面都要加工的零件，应选择余量和公差最小的表面作粗基准，以避免余量不足而造成废品。

4）选取光洁、平整、面积足够大、装夹稳定的表面为粗基准。

5）粗基准只能在第一道工序中使用一次，不应重复使用。这是因为，粗基准表面粗糙，在每次安装中位置不可能一致，而使加工表面的位置超差。

（2）精基准的选择 在第一道工序之后，应当以加工过的表面为定位基准，这种定位基准称为精基准（或光基准）。其选择原则如下：

1）基准重合原则 就是尽可能选用设计基准作为定位基准，这样可以避免定位基准与设计基准不重合而引起的定位误差。

例如图 6-16a 所示的零件（简图），A 面是 B 面的设计基准，B 面是 C 面的设计基准。以 A 面定位加工 B 面，直接保证尺寸 a，符合基准重合原则，不会产生基准不重合的定位误差。

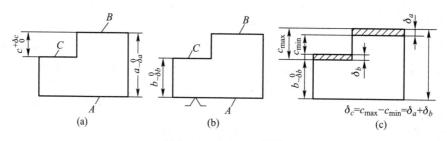

图 6-16 基准重合原则

若以 B 面定位加工 C 面，直接保证尺寸 c，也符合基准重合原则，影响加工精度的只有加工误差，只要把此误差控制在 δ_c 之内，就可以保证尺寸 c 的精度。但用这种方法定位和加工皆不方便，也不稳固。

如果以 A 面定位加工 C 面，直接保证尺寸 b（图 6-16b、c），这时设计尺寸 c 是由尺寸 a 和尺寸 b 间接得到的，它决定于尺寸 a 和 b 的加工精度。影响尺寸 c 精度的，除了加工误差 δ_b 之外，还有加工误差 δ_a，只有当 $\delta_b + \delta_a \leqslant \delta_c$ 时，尺寸 c 的加工精度才能得到保证。其中 δ_a 是由于基准不重合而引起的，故称为基准不重合误差。当 δ_c 为一定值时，由于 δ_a 的存在，势必减小 δ_b 的值，这将增加加工的难度。

由上述分析可知，选择定位基准时，应尽量使它与设计基准重合，否则必然会因基准不重合而产生定位误差,增加加工的困难,甚至造成零件尺寸超差。

2) 基准同一原则　加工位置精度要求较高的某些表面时,尽可能选用同一个定位基准,这样有利于保证各加工表面的位置精度。例如,加工较精密的阶梯轴时,往往以中心孔为定位基准车削其各表面,并在精加工之前还要修研中心孔,然后以中心孔定位,磨削各表面。这样有利于保证各表面的位置精度,如同轴度、垂直度等。

3) 选择精度较高、安装稳定可靠的表面作精基准,而且所选的基准应使夹具结构简单,安装和加工工件方便。

但是,在实际工作中,定位基准的选择要完全符合上述所有的原则,有时是不可能的。因此,应根据具体情况进行分析,选出最有利的定位基准。

四、工艺路线的拟订

拟订工艺路线,就是把加工工件所需的各个工序按顺序合理排列出来,它主要包括以下内容。

1. 确定加工方案

根据零件每个加工表面(特别是主要表面)的技术要求,选择较合理的加工方案(或方法)。常见典型表面的加工方案(或方法),可参照第五章有关内容来确定。

在确定加工方案(或方法)时,除了表面的技术要求外,还要考虑零件的生产类型、材料性能以及本单位现有的加工条件等。

2. 安排加工顺序

较合理地安排切削加工工序、热处理工序、检验工序和其他辅助工序的先后次序。加工次序不同将会得到不同的技术经济效果,甚至影响零件的加工质量。

(1) 切削加工工序的安排　除了第五章中提到的粗加工、精加工要分开的原则外,还应遵循如下几项原则:

1) 先加工基准面　应在一开始就加工精基准面,因为后续工序加工其他表面时,要用它定位。

2) 先加工主要表面　主要表面一般是指零件上的工作表面、装配基面等,它们的技术要求较高,加工工作量较大,应先安排加工。其他次要表面(如非工作面、键槽、螺钉孔、螺纹孔等),一般可穿插在主要表面的加工工序之间,或稍后进行加工,但应安排在主要表面最后精加工或精整加工之前。

(2) 划线工序的安排　形状较复杂的铸件、锻件和焊接件等,在单件小批生产中,为了给安装和加工提供依据,一般在切削加工之前要安排划线工序。有时为了加工的需要,在切削加工工序之间,可能还要进行第二次或多次划线。但是在大批大量生产中,由于采用专用夹具等,可免去划线工序。

(3) 热处理工序的安排　根据热处理工序的性质和作用不同,一般可以分为以下几种:

1) 预备热处理　是指为改善金属的组织和切削加工性而进行的热处理,如退火、正火等,一般安排在切削加工之前。调质也可以作为预备热处理,但若是以提高材料的力学性能为主要目的调质,则应放在粗加工之后、精加工之前进行。

2) 时效处理　在毛坯制造和切削加工的过程中,都会有内应力残留在工件内,为了消除它对加工精度的影响,需要进行时效处理。对于大而结构复杂的铸件,或者精度要求很高的非铸件类工件,需在粗加工前后各安排一次人工时效。对于一般铸件,只需在粗加工前或后进行一次人工时效。对于要求不高的零件,为了减少工件的往返搬运,有时仅在毛坯铸造以后安排一次时效处理。

3)最终热处理 是指为提高零件表层硬度和强度而进行的热处理,如淬火、氮化等,一般安排在工艺过程的后期。淬火一般安排在切削加工之后、磨削之前,氮化则安排在粗磨和精磨之间。应注意在氮化之前要进行调质处理。

(4)检验工序的安排 为了保证产品的质量,除了加工过程中操作者的自检外,在下列情况下还应安排检验工序:

1)粗加工阶段之后;

2)关键工序前后;

3)特种检验(如磁力探伤、密封性试验、动平衡试验等)之前;

4)从一个车间转到另一车间加工之前;

5)全部加工结束之后。

(5)其他辅助工序的安排

1)零件的表面处理,如电镀、发蓝、涂油漆等,一般均安排在工艺过程的最后。但有些大型铸件的内腔不加工面,常在加工之前先涂防锈油漆等。

2)去毛刺、倒棱边、去磁、清洗等,应适当穿插在工艺过程中进行。这些辅助工序不能忽视,否则会影响装配工作,妨碍机器的正常运行。

五、工艺文件的编制

工艺过程拟订之后,要以图表或文字的形式写成工艺文件。工艺文件的种类和形式多种多样,其繁简程度也有很大不同,要视生产类型而定。工艺文件通常有如下几种。

1. 机械加工工艺过程卡片

机械加工工艺过程卡片用于单件小批生产,格式如表 6-3 所示,它的主要作用是概略说明机械加工的工艺路线。实际生产中,机械加工工艺过程卡片内容的简繁程度也不一样,最简单的只列出各工序的名称和顺序,较详细的则附有主要工序的加工简图等。

2. 机械加工工序卡片

大批大量生产中,要求工艺文件更加完整和详细,每个零件的各加工工序都要有工序卡片。它是针对某一工序编制的,要画出该工序的工序图,以表示本工序完成后工件的形状、尺寸及其技术要求,还要表示工件的装夹方式、刀具的形状及其位置等。工序卡片的格式和填写要求可参阅行业标准 JB/T 9165.2—1998。生产管理部门,按零件将工序卡片汇装成册,以便随时查阅。

3. 机械加工工艺(综合)卡片

机械加工工艺卡片主要用于成批生产,它比机械加工工艺过程卡片详细,比机械加工工序卡片简单且较灵活,是介于两者之间的一种格式文件。机械加工工艺卡片既要说明工艺路线,又要说明各工序的主要内容。原机械工业部指导性技术文件未规定工艺卡片格式,仅规定了其幅面格式,各单位可根据需要参考文件要求自定。

表 6-3　机械加工工艺过程卡片（JB/T 9165.2—1998）　mm

	（厂　名）	机械加工工艺过程卡片	产品型号		零件图号				共　页	第　页
25			产品名称		零件名称					
材料牌号 30 (1)	毛坯种类 15	30 (2)	毛坯外形尺寸 25	30 (3)	每毛坯可制件数 25	(4) 10	每台件数	(5) 10	备注 10	(6) 20
工序号	工序名称 16	工序内容	车间 25	工段	设备	工艺装备		工时		
								准终	单件	
(7)	(8)	∞ (9)	(10)	(11)	(12)	(13)		(14)	(15)	
8	10	8	8	20	75			10	10	

18×8=144

描图										
描校										
底图号							设计（日期）	审核（日期）	标准化（日期）	会签（日期）
装订号										
	标记	处数	更改文件号	签字	日期	标记	处数	更改文件号	签字	日期

第四节　典型零件工艺过程

一、轴类零件

现以图 6-17 所示传动轴的加工为例，说明在单件小批生产中一般轴类零件的加工工艺过程。

1. 零件各主要部分的作用及技术要求

（1）在 $\phi 30_{-0.041}^{-0.026}$ 的轴段上装滑动齿轮，为传递运动和动力而开有键槽，$\phi 25_{-0.004}^{+0.009}$ 的两段为轴颈，支承于箱体的轴承孔中。这三个表面粗糙度 Ra 值皆为 0.8 μm。

（2）$\phi 30_{-0.041}^{-0.026}$ 轴颈对两端轴颈 $\phi 25_{-0.004}^{+0.009}$ 的同轴度允差为 $\phi 0.02$ mm。

（3）工件材料为 45 钢，淬火硬度为 40~45 HRC。

2. 工艺分析

该零件的各配合表面除本身有一定的精度（相当于 IT7）和表面粗糙度要求外，轴线的同轴度还有一定的要求。

根据对各表面的具体要求，可采用如下加工方案：

粗车—半精车—热处理—粗磨—精磨

轴上的键槽可以用键槽铣刀在立式铣床上铣出。

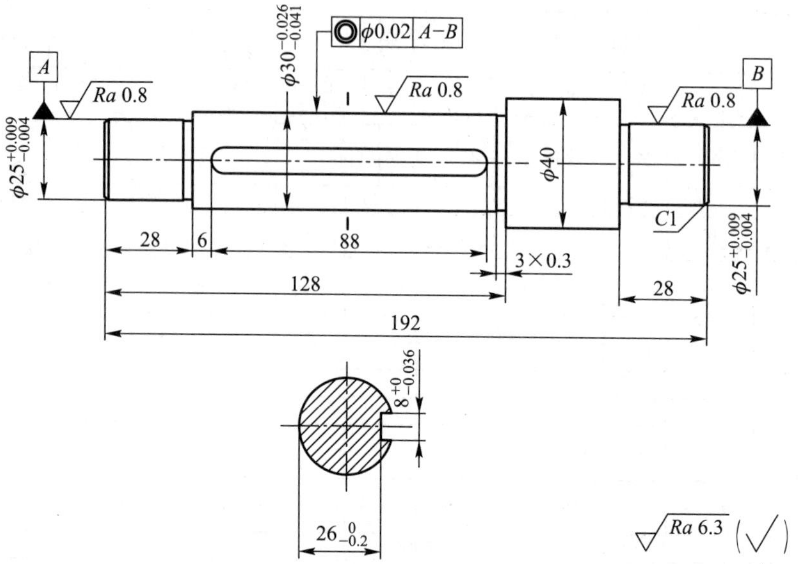

图 6-17 传动轴

3. 基准选择

为了保证各配合表面的位置精度,用轴两端的中心孔作为粗加工、精加工的定位基准。这样,既符合基准同一和基准重合的原则,也有利于生产率的提高。为了保证定位基准的精度和加工表面粗糙度,热处理后应修研中心孔。

4. 工艺过程

该轴的毛坯用 $\phi 45$ 长 195 mm 的圆钢料。在单件小批生产中,其工艺过程可按表 6-4 安排。

表 6-4 单件小批生产轴的工艺过程

工序号	工序名称	工 序 内 容	加 工 简 图	设 备
I	车	倒头车两端面,钻中心孔	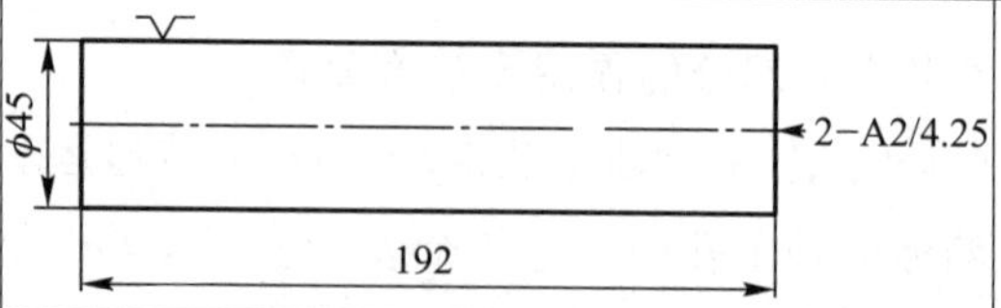	卧式车床
II	车	(1)粗车、半精车右端 $\phi 40$、$\phi 25$ 外圆面、槽和倒角,留磨削余量 1 mm; (2)粗车、半精车左端 $\phi 30$、$\phi 25$ 外圆面、槽和倒角,留磨削余量 1 mm	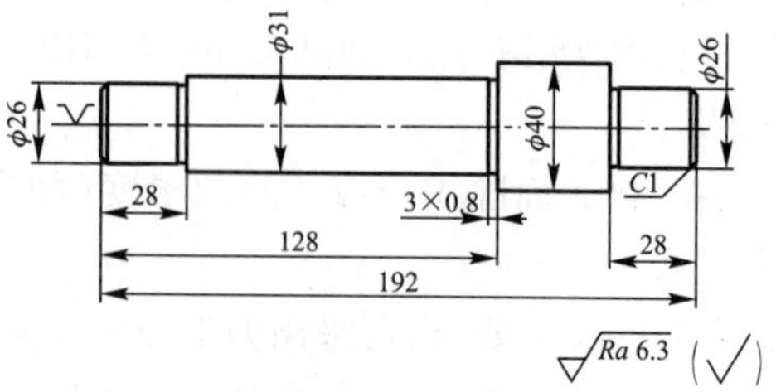	卧式车床

续表

工序号	工序名称	工序内容	加工简图	设备
Ⅲ	铣	粗铣、精铣键槽	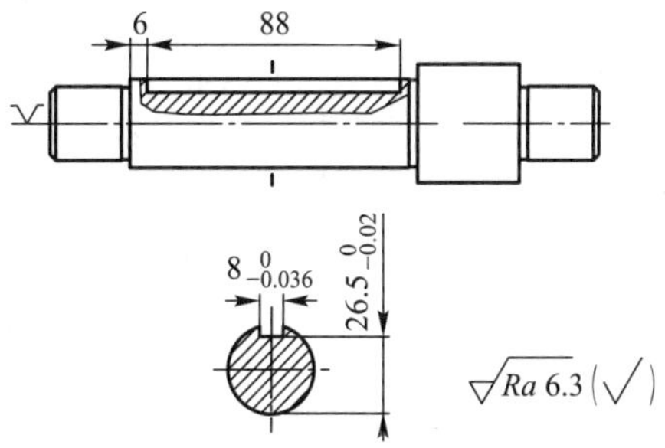	立式铣床
Ⅳ	热处理	调质 40~45 HRC		
Ⅴ	钳	修研中心孔		
Ⅵ	磨	（1）粗磨、精磨右端 $\phi40$、$\phi25$ 外圆面至要求尺寸； （2）粗磨、精磨左端 $\phi30$、$\phi25$ 外圆面至要求尺寸	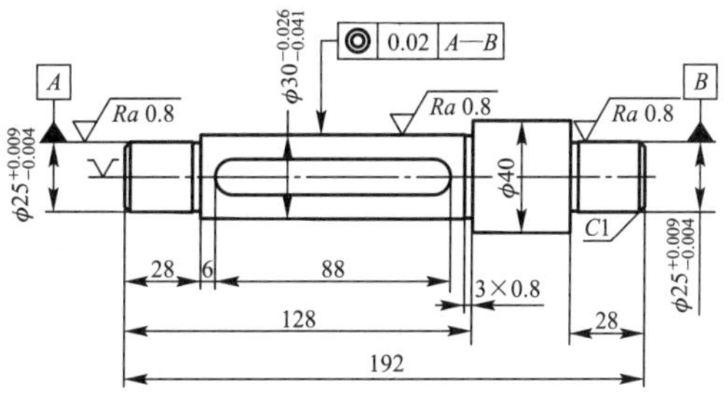	外圆磨床
Ⅶ	检	按图样要求检验		

注：① 加工简图中粗实线为该工序加工表面；
② 加工简图中"⊥"符号所指为定位基准。

二、套类零件

现以图 6-18 所示轴套为例，说明在单件小批生产中套类零件的加工工艺过程。

1. 零件的主要技术要求

1）$\phi65^{+0.065}_{+0.045}$ 和 $\phi45\pm0.008$ 对 $\phi52^{+0.02}_{-0.01}$ 轴线的同轴度允差 $\phi0.04$；

2）端面 B 和 C 对 $\phi52^{+0.02}_{-0.01}$ 轴线的垂直度允差为 0.02 mm；

3）工件材料为 HT200，铸件。

2. 工艺分析

该轴套要求较高的表面是孔 $\phi52^{+0.02}_{-0.01}$，外圆面 $\phi65^{+0.065}_{+0.045}$ 和 $\phi45\pm0.008$，以及内端面 B 和台阶端面 C。孔和外圆面不仅本身尺寸精度（相当于 IT7）和表面粗糙度有较高要求，位置精度也有一定的要求。端面 B 和 C 的表面粗糙度和位置精度都有一定要求。

根据工件材料性质和具体尺寸精度、表面粗糙度的要求，可以采用粗车—精车的工艺。大端外圆面 $\phi65^{+0.065}_{+0.045}$ 对孔 $\phi52^{+0.02}_{-0.01}$ 轴线的同轴度要求，以及内端面 B 对孔 $\phi52^{+0.02}_{-0.01}$ 轴线的垂直度要求,可以通过在一次安装中车削来保证。本例所要求的位置精度在一般的卧式车床上加工是可以达到的。

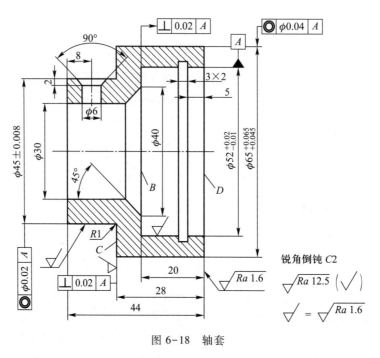

图 6-18 轴套

小端外圆面 $\phi45\pm0.008$ 对孔 $\phi52^{+0.02}_{-0.01}$ 轴线的同轴度,台阶端面 C 对孔 $\phi52^{+0.02}_{-0.01}$ 轴线的垂直度,可以在精车小端时,以孔和与孔在一次安装中车削出的大端端面 D 定位来保证。这就要用定位精度较高的可胀心轴(图 6-19)装夹工件,可胀心轴的定心精度可达 0.01 mm,定位端面对轴线的垂直度也比较高,装夹工件时只要使大端面贴紧可胀心轴的定位端面,就可以保证所要求的位置精度。

3. 基准选择

为了给粗车—精车大端时提供一个精基准,先以工件毛坯大端外圆面作粗基准,粗车小端外圆面和端面。这样也保证了加工大端时余量均匀一致。

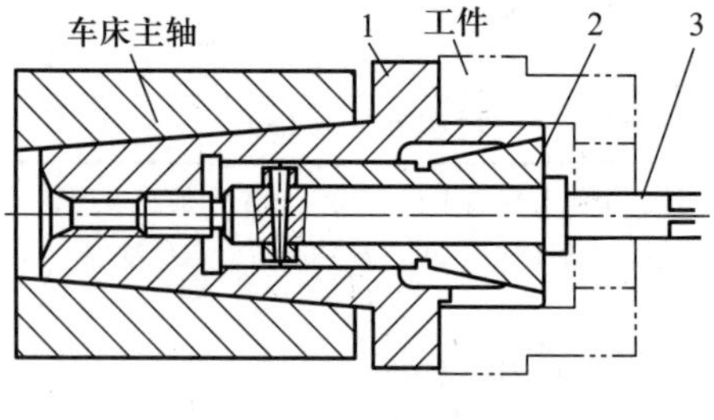

1—可胀心轴体;2—夹头芯;3—螺杆
图 6-19 可胀心轴

然后,以粗车后的小端外圆面和台阶端面 C 为定位基准(精基准),在一次安装中加工大端各表面,以保证所要求的位置精度。

精车小端时,则利用可胀心轴,以孔 $\phi52^{+0.02}_{-0.01}$ 和大端端面 D 为定位基准。

4. 工艺过程

在单件小批生产中,该轴套的工艺过程可按表 6-5 进行安排。

三、箱体类零件

现以卧式车床床头箱箱体的加工为例,来说明单件小批生产中箱体类零件的工艺过程。

表 6-5 单件小批生产轴套的工艺过程

工序号	工序名称	工 序 内 容	加 工 简 图	设　备
I	铸	铸造,清理		
II	车	（1）粗车小端外圆面和两端面至 $\phi47\times16$； （2）钻孔至 $\phi28$,钻通； （3）调头粗车大端外圆面和端面至 $\phi67\times30$； （4）镗孔至 $\phi30$,镗通； （5）粗镗大端孔及粗车内端面至 $\phi50\times20$； （6）倒内斜角至 $\phi41\times45°$； （7）精车大端外圆面和端面 D 至 $\phi65^{+0.065}_{+0.045}\times29$； （8）精镗大端孔和精车内端面 B 至 $\phi52^{+0.02}_{-0.01}\times20$； （9）车槽 3×2； （10）外圆面及孔口倒角 $C2$	 注:大端端面原设计要求 Ra 为 12.5 μm,但由于精车小端时将它作为精基准,故工艺要求 Ra 改为 1.6 μm。	卧式车床

续表

工序号	工序名称	工序内容	加工简图	设备
Ⅲ	车	（1）精车小端外圆面至 $\phi45\pm0.008$； （2）精车两端面 C、E 保证尺寸 44、28 和 $R1$； （3）外圆面及孔口倒角 $C2$	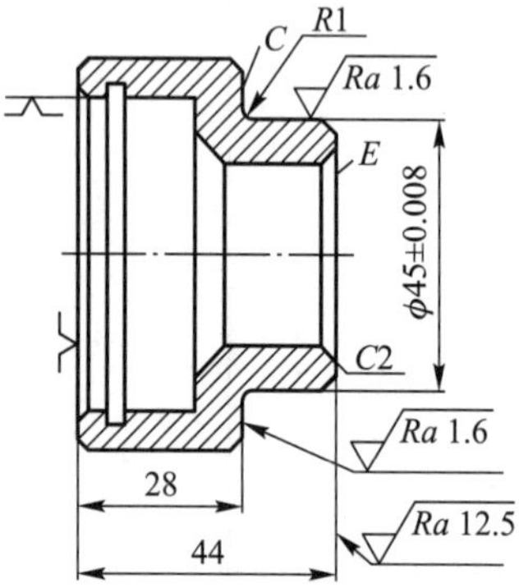	卧式车床 （可胀心轴）
Ⅳ	钳	划 $\phi6$ 孔中心线，保证尺寸 8		
Ⅴ	钳	（1）钻 $\phi6$ 孔； （2）锪 $2\times90°$ 倒角	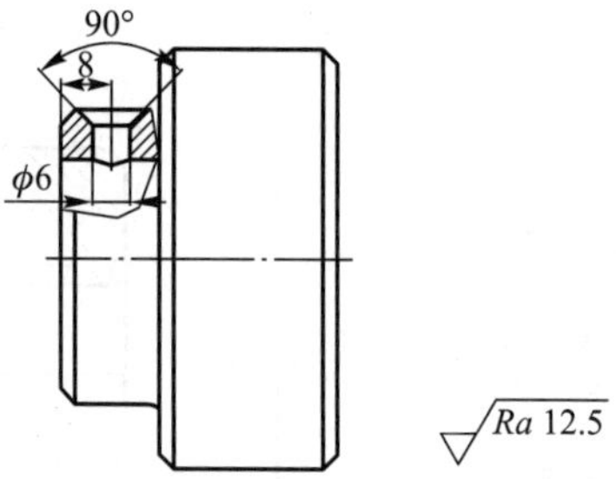	钻 床
Ⅵ	检	按图样要求检验		

1. 床头箱箱体的结构特点和主要技术要求

卧式车床床头箱箱体是车床床头箱部件装配时的基准零件，在它上面装入由齿轮、轴、轴承和拨叉等零件组成的主轴、中间轴和操纵机构等组件，以及其他一些零件，构成床头箱部件。装配后，要保持各零件间正确的相互位置，保证部件正常运转。

床头箱箱体的结构特点是壁薄、中空、形状复杂。加工面多为平面和孔，它们的尺寸精度、位置精度要求较高，要求表面粗糙度值较小。因此，床头箱箱体的工艺过程比较复杂，下面仅就其主要平面和孔的加工，说明它的工艺过程。

图 6-20 所示为卧式车床床头箱箱体的剖视简图，主要的技术要求如下：

（1）作为装配基准的底面和导向面的平面度允差为 0.02～0.03 mm，表面粗糙度 Ra 值为 0.8 μm。顶面和侧面平面度允差为 0.04～0.06 mm，表面粗糙度 Ra 值为 1.6 μm。顶面对底面的平行度允差为 0.1 mm；侧面对底面的垂直度允差为 0.04～0.06 mm。

（2）主轴轴承孔孔径精度为 IT6，表面粗糙度 Ra 值为 0.8 μm；其余轴承孔的精度为 IT7～IT6，表面粗糙度 Ra 值为 1.6 μm；非配合孔的精度较低，表面粗糙度 Ra 值为 6.3～12.5 μm。孔的圆度和圆柱度公差不超过孔径公差的 1/2。

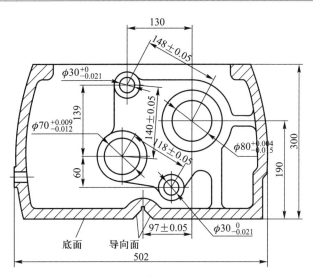

图 6-20　床头箱箱体剖视简图

（3）轴承孔轴线间距离尺寸公差为 0.05~0.1 mm,主轴轴承孔轴线与基准面距离尺寸公差为 0.05~0.1 mm。

（4）不同箱壁上同轴孔的同轴度允差为最小孔径公差的 1/2;各相关孔轴线间平行度允差为 0.06~0.1 mm。端面对孔轴线的垂直度允差为 0.06~0.1 mm。

（5）工件材料为 HT200。

2. 工艺分析

工件毛坯为铸件,加工余量为底面 8 mm,顶面 9 mm,侧面和端面 7 mm,铸孔 7 mm。

铸造后的毛坯在机械加工之前,一般应经过清理和退火处理,以消除铸造过程中产生的内应力。粗加工后,会引起工件内应力的重新分布,为使内应力分布均匀,也应进行适当的时效处理。

在单件小批生产的条件下,该床头箱箱体的主要工艺过程如下:

（1）底面、顶面、侧面和端面可采用粗刨—精刨工艺。因为底面和导向面的精度和粗糙度要求较高,又是装配基准和定位基准,所以在精刨后还应对底面和导向面进行精细加工——刮研。

（2）直径小于 40~50 mm 的孔,一般不铸出,可采用钻削—扩孔(或半精镗)—铰削(或精镗)的工艺。对于已铸出的孔,可采用粗镗—半精镗—精镗(用浮动镗刀片)的工艺。由于主轴轴承孔精度和粗糙度的要求皆较高,故在精镗后还要用浮动镗刀片进行精细镗。

（3）其余要求不高的螺纹孔、紧固孔及油孔等,可放在最后加工。这样可以防止由于主要面或孔在加工过程中出现问题(如发现气孔、夹杂物或加工超差等)时,浪费这一部分的工时。

（4）为了保证箱体主要表面的加工精度和粗糙度的要求,避免粗加工时由于切削量较大引起工件变形或可能划伤已加工表面,整个工艺过程分为粗加工和精加工两个阶段。

为了保证各主要表面位置精度的要求,粗加工和精加工时都应采用同一定位基准。此外,各纵向主要孔的加工应在一次安装中完成,并可采用镗模夹具,这样可以保证位置精度的要求。

（5）整个工艺过程中，无论是粗加工阶段还是精加工阶段，都应遵循"先面后孔"的原则，就是先加工平面，然后以平面定位再加工孔。这是因为：第一，平面常常是箱体的装配基准；第二，平面的面积比孔的面积大，以平面定位工件装夹稳定、可靠。因此，以平面定位加工孔，有利于保证定位精度和加工精度。

3. 基准选择

（1）粗基准的选择　在单件小批生产中，为了保证主轴轴承孔的加工余量分布均匀，并保证装入箱体中的齿轮、轴等零件与不加工的箱体内壁间有足够的间隙，以免互相干涉，常常首先以主轴轴承孔和与之相距最远的一个孔为基准，兼顾底面和顶面的余量，对毛坯进行划线和检查。之后，按划线找正粗加工顶面。这种方法实际上就是以主轴轴承孔和与之相距最远的一个孔为粗基准。

（2）精基准的选择　以该箱体的装配基准——底面和导向面为同一精基准，加工各纵向孔、侧面和端面，符合基准同一和基准重合的原则，有利于保证加工精度。

为了保证精基准的精度，在加工底面和导向面时，以加工后的顶面为辅助的精基准。并且在粗加工和时效之后，又以精加工后的顶面为精基准，对底面和导向面进行精刨和精细加工（刮研），进一步提高精加工阶段定位基准的精度，利于保证加工精度。

4. 工艺过程

根据以上分析，在单件小批生产中，该床头箱箱体的工艺过程可按表6-6进行安排。

表6-6　单件小批生产床头箱箱体的工艺过程

工序号	工序名称	工序内容	加工简图	设备
I	铸	清理，退火		
II	钳	划各平面加工线	（以主轴轴承孔和与之相距最远的一个孔为基准，兼顾底面和顶面的余量）	
III	刨	粗刨顶面，留精刨余量2 mm	$\sqrt{Ra\,12.5}$	龙门刨床
IV	刨	粗刨底面和导向面，留精刨和刮研余量2～2.5 mm	$\sqrt{Ra\,12.5}\left(\sqrt{}\right)$	龙门刨床

续表

工序号	工序名称	工序内容	加工简图	设备
V	刨	粗刨侧面和两端面,留精刨余量 2 mm	$\sqrt{Ra\,12.5}(\sqrt{})$	龙门刨床
VI	镗	粗加工纵向各孔,主轴轴承孔,留半精镗、精镗和精细镗余量 2~2.5 mm,其余各孔留半精加工、精加工余量 1.5~2 mm(小直径孔钻出,大直径孔用镗刀加工)	$\sqrt{Ra\,12.5}(\sqrt{})$	卧式镗床(镗模)
VII		(时效)		
VIII	刨	精刨顶面至尺寸	$\sqrt{Ra\,1.6}$	龙门刨床
IX	刨	精刨底面和导向面,留刮研余量 0.1 mm	$\sqrt{Ra\,0.8}(\sqrt{})$	龙门刨床
X	钳	刮研底面和导向面至尺寸	(25 mm×25 mm 内 8~10 个点)	
XI	刨	精刨侧面和两端面至尺寸	同工序 V(Ra 值为 1.6 μm)	龙门刨床
XII	镗	(1) 半精加工各纵向孔,主轴轴承孔留精镗和精细镗余量 0.8~1.2 mm,其余各孔留精加工余量 0.05~0.15 mm(小孔用扩孔钻加工,大孔用镗刀加工); (2) 精加工各纵向孔,主轴轴承孔留精细镗余量 0.1~0.25 mm,其余各孔加工至尺寸(小孔用铰刀加工,大孔用浮动镗刀片加工); (3) 精细镗主轴轴承孔至尺寸(用浮动镗刀片加工)	同工序 VI(Ra 值为 1.6 μm 或 Ra 值为 0.8 μm)	卧式镗床

续表

工序号	工序名称	工 序 内 容	加 工 简 图	设 备
XIII	钳	（1）加工螺纹底孔、紧固孔及油孔等至尺寸； （2）攻丝、去毛刺	底面定位（Ra 值为 6.3~12.5 μm）	钻 床
XIV	检	按图样要求检验		

四、成形零件数控加工工艺

现以图 6-21 所示轴类零件的数控加工为例，说明轴类零件数控车削加工的工艺过程。

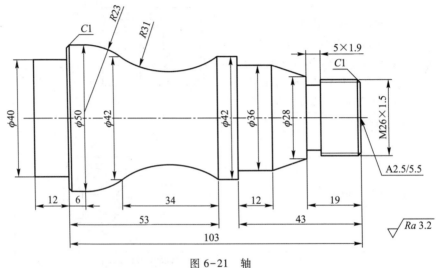

图 6-21 轴

1. 零件图工艺分析

零件图工艺分析内容如下：

（1）该零件表面需加工螺纹、圆锥、圆柱、凹凸圆弧、槽及倒角；

（2）零件图尺寸标注完整，轮廓描述清楚；

（3）零件材料为铝合金 6061，无热处理要求。

加工如图 6-21 所示零件，毛坯为 φ55 mm 长 117 mm 的圆棒料。

采用数控车削加工该零件，比较适合选用仿形粗车复合循环指令 G73 来实现工艺要求。利用 FANUC 0I 系统 G73 循环指令，可以按同一轨迹分层重复切削，该指令自动按照精加工路线依零件外圆面、锥体、凹凸圆弧外形进行多次循环走刀，配合 G70 精加工循环指令，可完成零件的加工。

2. 基准选择和工序安排

可分为两道工序进行加工：

工序 I：为工序 II 数控加工右端制备坯料。在普通车床上，以坯件轴线为定位基准，用三爪自定心卡盘装夹，加工右端面，钻中心孔；倒头车削出左端 φ40×12 的圆台（即车削端面、外圆面和台阶面）、倒角和 φ50 长 10 mm 的外圆面。

工序 II：在数控车床上，用三爪自定心卡盘夹紧左端已加工的 φ40×12 圆台，φ50 左端面靠紧卡盘卡爪,右端用活顶尖支承(一夹一顶),加工右端外轮廓。为保护左端已加工的表面,夹紧时可考虑采取垫铜皮等措施。

3. 确定加工顺序及进给路线

右端加工顺序按"由粗到精、由近到远(由右到左)"的原则确定,即用 G73 指令先从右到左进行粗车,再从右到左进行精车,然后切槽,最后车削螺纹。只要正确执行编程指令,机床数控系统就会自行确定加工进给路线。

4. 刀具的选择

(1)加工左右两端面,选用 45°硬质合金端面车刀。钻右端面中心孔,用 ϕ2.5 中心钻。

(2)加工左端 ϕ40×12 的外圆面、台阶面、倒角和 ϕ50 长 10 mm 的外圆面,用 90°硬质合金外圆车刀。

(3)粗加工右端外轮廓,加工余量大,且有凹弧面,要求刀具副偏角不能与加工面发生干涉,选用 93°硬质合金外圆车刀。

(4)精加工右端外轮廓,选用菱形刀片,采用刀尖圆弧 R 0.15,副偏角 >35° 的 93°硬质合金外圆车刀。

(5)加工 5×1.9 mm 的槽,选用刀宽等于 4 mm 的切槽刀。

(6)加工螺纹,选用刀尖角为 60° 的硬质合金螺纹刀。

将选定的刀具参数填入数控加工刀具卡中(刀具参数见表 6-7),以便于编程和操作管理。

表 6-7　轴的数控加工刀具参数

序号	刀具号	刀具规格名称	加工表面	刀尖半径/mm
1	T01	93°硬质合金外圆车刀	粗车轮廓	0.4
2	T02	93°硬质合金外圆车刀	精车轮廓	0.15
3	T03	刀宽等于 4mm 切槽刀	切槽	
4	T04	刀尖角为 60°的硬质合金螺纹车刀	车螺纹	

5. 切削用量选择

(1)背吃刀量的选择

轮廓粗车循环时选背吃刀量 a_p = 2 mm,精车选背吃刀量 a_p = 0.25 mm;螺纹粗车、精车时根据已知螺距查表,背吃刀量依次选为 0.4 mm、0.3 mm、0.2 mm、0.075 mm。

(2)主轴转速的选择

加工直线和圆弧外形时,查切削用量手册,选粗车切削速度 v_c = 90 m/min,精车切削速度 v_c = 120 m/min,然后利用公式 $v_c = \pi dn / 1\,000$ 计算主轴转速 n(粗车工件直径 d = 55 mm,精车直径取平均值):粗车为 600 r/min,精车为 1 200 r/min。车螺纹时,参照式 $n \leqslant (1\,200/P) - k$,计算得出主轴转速 n = 720 r/min。

(3)进给量的选择

查切削用量手册,选粗车每转进给量 f = 0.3 mm/r,精车每转进给量 f = 0.1 mm/r。根据公式 $v_f = nf$ 计算得出粗车、精车进给速度分别为 180 mm/min 和 120 mm/min。

综合前面分析的各项内容,得出所示轴的数控加工工艺信息,并将其填入数控加工工艺卡

（表6-8）。

表6-8 轴的数控加工工艺信息

工步号	工步内容	刀具号	主轴转速 /(r/min)	进给速度 /(mm/min)	背吃刀量/mm
1	用 G73 指令粗加工右端外轮廓（槽除外）	T01	600	180	2
2	用 G70 指令精加工右端外轮廓（槽除外）	T02	1 200	120	0.25
3	切槽 5×1.9	T03	600	60	4
4	用 G92 指令车螺纹	T04	720	1 080	

6. 右端数控加工程序（选用后置刀架机床，工件坐标系原点设在工件右端面中心位置）

O1111；	程序号
G28U0W0；	回参考点
T0101；	换 1 号刀具，用刀补参数建立工件坐标系
G97S600M04；	转速 600 r/min
G99；	进给量为每转进给量（mm/r）
G00X60. Z5. ；	定位到循环起点
G73U16. W0R9；	复合循环加工，X 向切削余量为半径值 16 mm，Z 向为 0 mm，循环 9 次
G73P100Q200U0.5W0F0.3；	精加工程序段 N100—N200，X 向切削余量为 0.5 mm，Z 向切削余量为 0 mm
N100G00G42X21.8Z1. S1200；	精加工第一段，建立刀具补偿
G01X25.8Z-1. F0.1；	倒角
Z-19. ；	加工螺纹外圆
X28. ；	锥体起点
X36. Z-31. ；	加工锥体
Z-43. ；	加工 $\phi36$ 外圆
X42. ；	加工台阶
Z-50. ；	加工 $\phi42$ 外圆
G02X42. Z-84. R31. ；	加工 R31 圆弧
G03X50. Z-97. R23. ；	加工 R23 圆弧
G01Z-98. ；	加工至 Z-98 mm 处
N200G40G01U2. ；	精加工最后一段，取消刀具补偿
G00X100. Z100. ；	回换刀点

T0202；	换 2 号刀具,用刀补参数建立工件坐标系
G00X60.Z5.S1200M04；	循环起点
G70P100Q200；	精加工外形
G00X100.Z100.；	回换刀点
T0303；	换 3 号刀具,用刀补参数建立工件坐标系
G00X30.Z-19.S600M04；	至切槽起点(左对刀点)
G01X22.F0.1；	切出 4 mm 宽槽
G00X30.；	退刀
Z-18.；	至切槽起点(左对刀点)
G01X22.F0.1；	切出 5 mm 宽槽
Z-19.；	槽底光整
G00X30.；	退刀
G00X100.Z100.；	回换刀点
T0404；	换 4 号刀具,用刀补参数建立工件坐标系
G00X35.Z6.S720M04；	螺纹循环起点
G92X25.2 Z-16.5F1.5；	螺纹切削循环,背吃刀量为 0.4 mm
X24.6；	背吃刀量为 0.3 mm
X24.2；	背吃刀量为 0.2 mm
X24.05；	背吃刀量为 0.075 mm
G00X100.Z100.；	回换刀点
M05；	主轴停
M30；	程序结束

复 习 题

1. 何谓生产过程、工艺过程、工序?
2. 生产类型有哪几种? 不同生产类型对零件的工艺过程有哪些主要影响?
3. 机械加工中,工件的安装方法有哪几类? 各适用于什么场合?
4. 什么是夹具? 按其适用范围不同,夹具分为哪几类? 各适用于什么场合?
5. 一般夹具由哪几个部分组成? 各起什么作用?
6. 何谓工序余量、总余量? 它们之间有什么关系?
7. 确定加工余量的原则是什么? 目前确定加工余量的方法有哪几种?
8. 何谓工件的六点定位原理? 加工时,工件是否都要完全定位?
9. 何谓基准? 根据作用的不同,基准分为哪几种?
10. 何谓粗基准? 其选择原则是什么?
11. 何谓精基准? 其选择原则是什么?
12. 切削加工工序安排的原则是什么?
13. 常用的工艺文件有哪几种? 各适用于什么场合?
14. 加工轴类零件时,常以什么作为统一的精基准? 为什么?

15. 如何保证套类零件外圆面、内孔及端面的位置精度？

16. 安排箱体类零件的工艺时，为什么一般要依据先面后孔的原则？

思考和练习题

6-1　拟订零件的工艺过程时，应考虑哪些主要因素？

6-2　图 6-22 所示小轴 30 件，毛坯为 $\phi32\times104$ 的圆钢料，若用两种方案加工：

1）先整批车出 $\phi28$ 一端的端面和外圆面，随后仍在该台车床上整批车出 $\phi16$ 一端的端面和外圆面；

2）在一台车床上逐件进行加工，即每个工件车好 $\phi28$ 一端后，立即掉头车 $\phi16$ 一端。

试问这两种方案分别有几道工序？哪种方案较好？为什么？

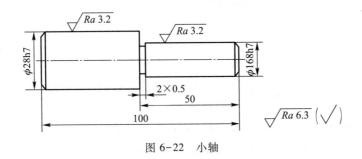

图 6-22　小轴

6-3　下列各种情况下，零件加工的总余量分别应取较大值还是取较小值？为什么？

1）大批大量生产；

2）零件的结构和形状复杂；

3）零件的加工精度要求高，表面粗糙度值小。

6-4　试分析图 6-23 所示三种安装方法工件的定位情况，指出每种定位情况各限制了哪几个自由度？属于哪种定位？

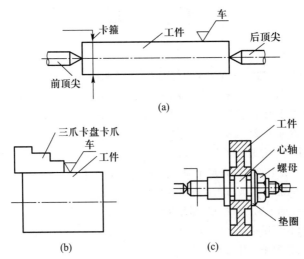

图 6-23　工件的定位

6-5　试分析图 6-24 所示钻模夹具的主要组成部分及工件的定位情况。

6-6　试分别拟订图 6-25 所示零件在单件小批生产中的工艺过程。

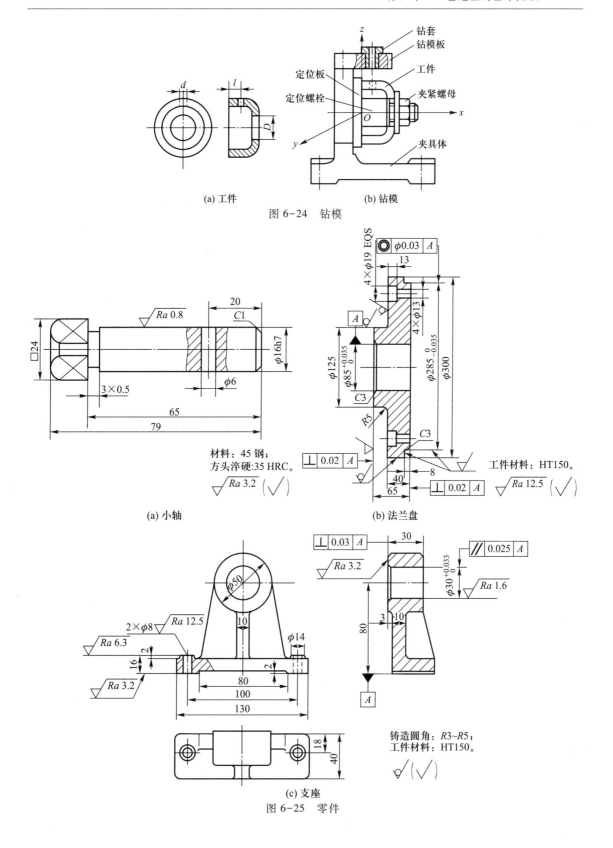

(a) 工件　　　(b) 钻模

图 6-24　钻模

材料：45 钢；
方头淬硬:35 HRC。

(a) 小轴

工件材料：HT150。

(b) 法兰盘

铸造圆角：R3~R5；
工件材料：HT150。

(c) 支座

图 6-25　零件

第七章 零件结构的工艺性

零件本身的结构,对加工质量、生产率和经济效益有着重要影响。为了获得较好的技术经济效果,在设计零件结构时,不仅要考虑零件要满足使用要求,还应当考虑零件是否能够制造和便于制造,也就是要考虑零件结构的工艺性。

第一节 概 述

零件结构的工艺性,是指这种结构的零件被加工的难易程度。它既是评价零件结构设计优劣的技术经济指标之一,又是零件结构设计优劣所带来的后果,因此在零件设计阶段就应重视零件结构的工艺性。

所谓零件结构的工艺性良好,是指所设计的零件在保证使用要求的前提下能被较经济、高效、合格地加工出来。

零件结构工艺性的好坏是相对的,它将随着科学技术的发展和客观条件(如生产类型、设备条件等)的不同而变化。例如电液伺服阀阀套(图7-1a)上精密方孔的加工,为了保证方孔之间的尺寸公差要求,过去将阀套分成五个圆环,分别加工,待方孔之间的尺寸精度达到要求后再将其连接起来,当时认为这种结构的工艺性是好的。但随着电火花加工精度的不断提高,把原来由五个圆环组装的阀套改为整体结构(图7-1b),用四个电极同时把方孔加工出来,也能保证方孔之间的尺寸精度。这样既减少了劳动量又降低了成本,所以这种整体结构的工艺性也是好的。

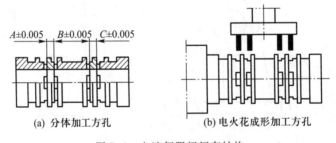

图 7-1 电液伺服阀阀套结构

产品及零件的制造,包括毛坯生产、切削加工、热处理和装配等许多阶段,各个生产阶段都是有机联系在一起的。进行结构设计时必须全面考虑,使各个生产阶段都具有良好的工艺性。由于一般情况下切削加工耗费劳动最多,因而零件结构的切削加工工艺性更为重要。本章将就单件小批生产中零件结构切削加工工艺性的一般原则及实例进行简要分析。

第二节　一般原则及实例分析

零件结构的工艺性,与其加工方法和工艺过程有着密切联系。为了获得良好的零件结构工艺性,设计人员首先要了解和熟悉常见加工方法的工艺特点、典型表面的加工方案以及工艺过程的基本知识等。在具体设计零件结构时,除考虑满足零件的使用要求外,通常还应注意如下几项原则。

1. 便于安装

便于安装就是便于零件准确地定位、可靠地夹紧。

（1）增加工艺凸台　刨削较大型工件时,往往把工件直接安装在工作台上。为了刨削工件的上表面,安装工件时必须使加工面水平。图 7-2a 所示的零件较难安装,如果在零件上加一个工艺凸台（图 7-2b）,便容易安装找正。必要时,精加工后再把凸台切除。

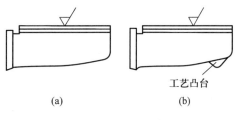

图 7-2　工艺凸台

（2）增设装夹凸缘或装夹孔　图 7-3a 所示的大平板,在龙门刨床或龙门铣床上加工上平面时,不便用压板、螺钉将它装夹在工作台上。如果在平板侧面增设装夹用的凸缘或孔（图 7-3b）,便容易可靠地夹紧工件,同时也便于吊装和搬运工件。

（3）改变结构或增加辅助安装面　车床通常是用三爪卡盘、四爪卡盘来装夹工件的。图 7-4a 所示的轴承盖要加工 ϕ120 外圆面及端面。如果工件夹在 A 处,则一般卡爪伸出的长度不够,夹不到 A 处;如果夹在 B 处,又因为 B 处是圆弧面,与卡爪是点接触,不能将工件夹牢,因此,装夹不方便。若把工件改为图 7-4b 所示的结构,使 C 处为圆柱面,便容易夹紧工件。或在毛坯上加一个辅助安装面（图 7-4c 中之 D 处）,用它进行安装,也比较方便。必要时,零件加工后再将这个辅助面切除（辅助安装面也称为工艺凸台）。

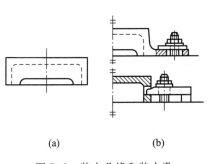

图 7-3　装夹凸缘和装夹孔

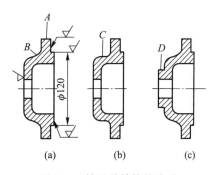

图 7-4　轴承盖结构的改进

2. 便于加工和测量

（1）刀具的引进和退出要方便　图 7-5a 所示的零件带有封闭的 T 形槽,T 形槽铣刀没法进入槽内,所以这种结构没有办法加工。如果把它改成图 7-5b 的结构,T 形槽铣刀可以从大圆孔中进入槽内,但这样的结构不容易对刀,操作很不方便,也不便于测量。如果把它设计成开口的形状（图 7-5c）,则可方便地进行加工。

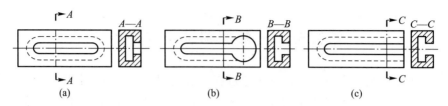

图 7-5 T 形槽结构的改进

（2）尽量避免箱体内的加工面 箱体内安放轴承座的凸台（图 7-6a）的加工和测量是极不方便的。如果采用带法兰的轴承座，使它和箱体外面的凸台连接（图 7-6b），则将箱体内表面的加工改为外表面的加工，带来很大方便。

再如图 7-7a 所示结构，箱体轴承孔内端面需要加工，但比较困难。若改为图 7-7b 所示结构，采用轴套，避免了箱体内端面与齿轮端面的接触，省去了箱体内表面的加工。

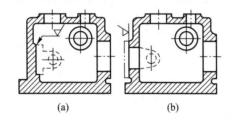

图 7-6 外加工面代替内加工面

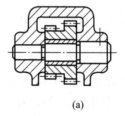

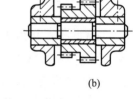

图 7-7 避免箱体内表面加工

（3）凸缘上的孔要留出足够的加工空间 如图 7-8 所示，若孔的轴线距壁的距离 s 小于钻卡头外径 D 的一半，则难以进行加工。一般情况下，要保证 $s \geqslant D/2 + (2 \sim 5)\mathrm{mm}$，才便于加工。

（4）尽可能避免弯曲的孔 图 7-9a 所示零件上的孔很显然是不可能钻出的；改为图 7-9b 所示的结构，中间那一段孔也是不能钻出的；改为图 7-9c 所示的结构虽能加工出来，但还要在中间一段附加一个柱塞，是比较费工的。所以，设计时要尽量避免弯曲的孔。

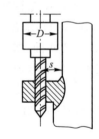

图 7-8 留够钻孔空间

（5）必要时，留出足够的退刀槽、空刀槽或越程槽等。为了避免刀具或砂轮与工件的某个部分相碰，有时要留出退刀槽、空刀槽或越程槽等。图 7-10 中，图 a 为车螺纹的退刀槽；图 b 为铣齿或滚齿的退刀槽；图 c 为插齿的空刀槽；图 d、图 e 和图 f 分别为刨削、磨外圆和磨孔的越程槽。其具体尺寸参数可查阅相关设计手册等。

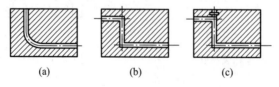

图 7-9 避免弯曲的孔

3. 利于保证加工质量和提高生产率

（1）有相互位置精度要求的表面最好能在一次安装中加工，这样既有利于保证加工表面间的位置精度，又可以减少安装次数及所用的辅助时间。

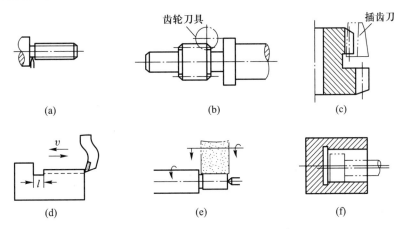

图 7-10　退刀槽、空刀槽和越程槽

　　图 7-11a 所示轴套两端的孔需两次安装才能加工出来,若改为图 7-11b 的结构,则可在一次安装中加工出来。

　　图 7-11c 所示零件结构,外圆面和内孔不能在一次安装中加工出来,难以保证同轴度要求。若改为图 7-11d 的结构,则可以在一次安装中进行加工。

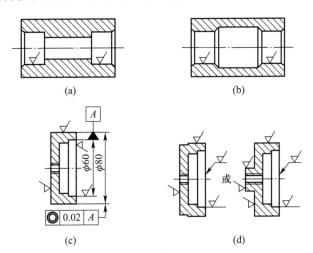

图 7-11　避免两次安装

　　(2) 尽量减少安装次数　图 7-12a 所示轴承盖上的螺孔设计成倾斜的,既增加了安装次数,又使钻孔和攻丝都不方便,不如改成图 7-12b 所示的结构。

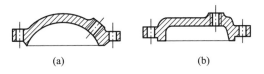

图 7-12　孔的方位应一致

　　(3) 零件结构要有足够的刚度,减少工件在夹紧力或切削力作用下的变形。

图 7-13a 所示的薄壁套筒,在卡盘卡爪夹紧力的作用下容易变形,车削后形状误差较大。若改成图 7-13b 的结构,可提高零件的刚度,提高加工精度。

又如图 7-14a 所示的床身导轨,加工时切削力使边缘挠曲,产生较大的加工误差。若增设加强肋板(图 7-14b),则可大大提高其刚度。

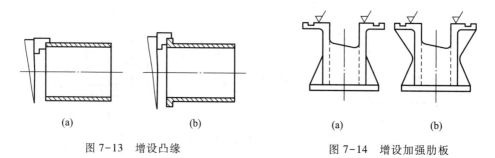

图 7-13 增设凸缘 图 7-14 增设加强肋板

(4) 孔的轴线应与其端面垂直 如图 7-15a 所示的孔,由于钻头轴线不垂直于进口或出口的端面,钻孔时钻头很容易产生偏斜或弯曲,甚至折断。因此,应尽量避免在曲面或斜壁上钻孔,可以采用图 7-15b 所示的结构。同理,轴上的油孔应采用图 7-16b 所示的结构。

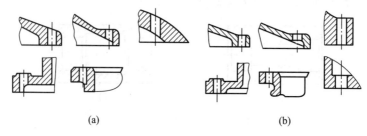

图 7-15 避免在曲面或斜壁上钻孔

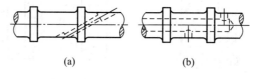

图 7-16 避免斜孔

(5) 同类结构要素应尽量统一 如加工图 7-17a 所示的阶梯轴,加工其上的退刀槽、过渡圆弧、锥面和键槽时要用多把刀具,并增加了换刀和对刀次数。若改为图 7-17b 所示的结构,既可减少刀具的种类,又可节省换刀和对刀等的辅助时间。

(6) 尽量减少加工量

1) 采用标准型材 设计零件时,应考虑利用标准型材,以便选用形状和尺寸相近的型材作坯料,这样可大大减少加工的工作量。

2) 简化零件结构 图 7-18b 中零件 1 的结构比图 7-18a 中零件 1 的结构简单,可减少切削的工作量。

3) 减少加工面积 图 7-19b 所示支座的底面与图 7-19a 所示结构相比,既可减少加工面积,又能保证装配时零件间很好接合。

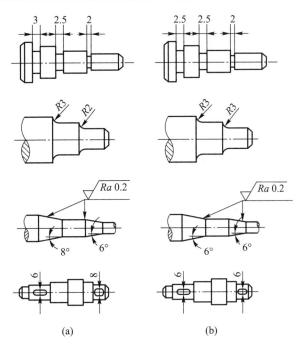

图 7-17　同类结构要素应统一

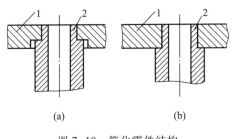

(a)　　　　　(b)

图 7-18　简化零件结构

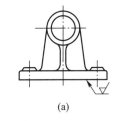

(a)　　　　　(b)

图 7-19　减少加工面积

（7）尽量减少走刀次数　铣牙嵌离合器时，由于离合器齿形的两侧面要求通过中心,呈放射形(图 7-20),这就使奇数齿的离合器在铣削加工时要比偶数齿的离合器省工。如铣削一个五齿离合器的端面齿，只要五次分度和走刀就可以铣出(图 7-20a),而铣一个四齿离合器,却要八次分度和走刀才能完成(图 7-20b)。因此,离合器设计成奇数齿为好。图 7-20 上的数字表示走刀次数。

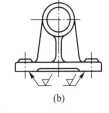

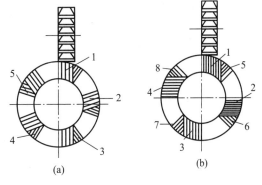

(a)　　　　　(b)

图 7-20　牙嵌离合器应采用奇数齿

如图 7-21a 所示的零件,当加工这种具有不同高度的凸台表面时,需要逐一将工作台升高或降低。如果把零件上的凸台设计成等高(图 7-21b),则能在一次走刀中加工所有凸台表面,这样可节省大量的辅助时间。

（8）便于多件一起加工　图 7-22a 所示的拨叉,沟槽底部为圆弧形,只能单个地进行加工。

若改为图 7-22b 所示的结构,则可实现多件一起加工,利于提高生产效率。

又如图 7-22c 所示的齿轮,轮毂与轮缘不等高,多件一起滚齿时,工件的刚度较差,并且轴向进给的行程增长。若改为图 7-22d 所示的结构,既可提高加工时工件的刚度,又可缩短轴向进给的行程。

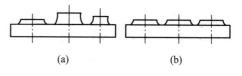

图 7-21 加工面应等高

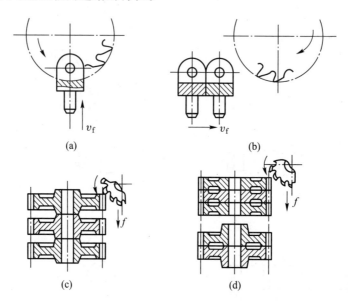

图 7-22 便于多件同时加工

4. 提高标准化程度

（1）尽量采用标准件 设计时,应尽量按国家标准、行业标准或企业标准选用标准件,以利于产品成本的降低。

（2）应能使用标准刀具加工 零件上的结构要素如孔径及孔底形状、中心孔、沟槽宽度或角度、圆角半径、锥度、螺纹的直径和螺距、齿轮的模数等,其参数值应尽量与标准刀具相符,以便能使用标准刀具加工,避免设计和制造专用刀具,以降低加工成本。

例如,被加工的孔应具有标准直径,不然需要特制刀具。当加工不通孔时,由一直径到另一直径的过渡最好做成与钻头顶角相同的圆锥面(图 7-23a),因为与孔的轴线相垂直的底面或其他角度的锥面(图 7-23b)将使加工复杂化。

又如图 7-24b 所示零件的凹下表面,可以用端铣刀加工,在粗加工后其内圆角必须用立铣刀清边,因此其内圆角的半径必须等于标准立铣刀的半径。如果设计成图 7-24a 的形状,则很难加工出来。零件内圆角半径越小,所用立铣刀的直径越小,凹下表面的深度越大,则所用立铣刀的长度也越大,加工越困难,加工费越高。所以在设计凹下表面时,圆角的半径越大越好,凹下表面的深度越小越好。

5. 合理规定加工表面的精度等级和表面粗糙度的数值

零件上不需要加工的表面,不要设计成加工面;在满足使用要求的前提下,加工表面的精度

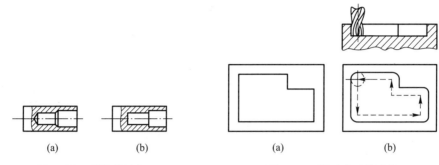

图 7-23　盲孔的结构　　　　　　图 7-24　凹下表面的形状

越低、表面粗糙度值越大,越容易加工,成本也越低。设计零件时所规定的尺寸公差、几何公差和表面粗糙度值,应按国家标准选取,以便使用通用量具进行检验。

6. 合理采用零件的组合

一般来说,在满足使用要求的条件下,所设计的机器设备零件越少越好,零件的结构越简单越好。但是,为了加工方便,合理采用组合件也是适宜的。例如轴带动齿轮旋转(图 7-25a),当齿轮较小、轴较短时,可以把轴与齿轮做成一体(称为齿轮轴)。当轴较长、齿轮较大时,做成一体则难以加工,必须分成三件:轴、齿轮、键,三个零件分别加工后装配到一起(图 7-25b),这样加工很方便。所以,这种结构的工艺性是好的。

图 7-25c 为轴与键的组合,如轴与键做成一体,则轴的车削是不可能的,必须分为两件(图 7-25d),分别加工后再进行装配。

图 7-25e 所示的零件,其内部的球面凹坑很难加工。如改为图 7-25f 所示的结构,把零件分为两件,凹坑的加工变为外部加工,就比较方便。

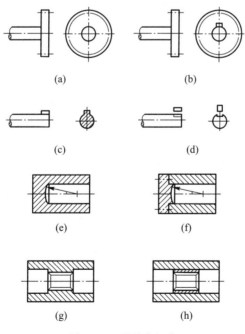

图 7-25　零件的组合

又如图 7-25g 所示的零件,滑动轴套中部花键孔的加工是比较困难的。如果改为图 7-25h 所示的结构,圆套和花键套分别加工后再组合起来,则加工比较方便。

除了上述几项零件结构的设计原则,设计零件结构时还要结合本单位的具体加工条件(如设备和工人的技术水平等),同时也要考虑与先进的工艺方法相适应。

需要说明的是,零件的结构工艺性是一个非常实际和重要的问题,上述原则和实例分析只不过是一般原则和个别事例。设计零件时,应根据具体要求和条件,综合所掌握的工艺知识和实际经验,灵活运用零件设计原则,以求设计出结构工艺性良好的零件。

复　习　题

1. 何谓零件结构的工艺性? 它有什么实际意义?
2. 设计零件时,考虑零件结构工艺性的一般原则有哪几项?
3. 增加工艺凸台或辅助安装面可能会增加加工的工作量,为什么还要设计这些结构?
4. 为什么要尽量避免箱体内的加工面?
5. 为什么要尽量减少加工时的安装次数?
6. 为什么孔的轴线应尽量与其端面垂直?
7. 为什么零件上同类结构要素要尽量统一?
8. 为什么要考虑尽量能用标准刀具加工,用通用量具检验?
9. 既然一台机器的零件数量越少越好,为什么还要采用组合件?

思考和练习题

7-1　为什么在设计零件时就要考虑其结构工艺性?

7-2　铣削牙嵌离合器时,为什么铣 6 个齿反而不如铣 7 个齿省工? 试绘图进行分析。

7-3　从切削加工的结构工艺性考虑,试改进图 7-26 所示零件的结构。

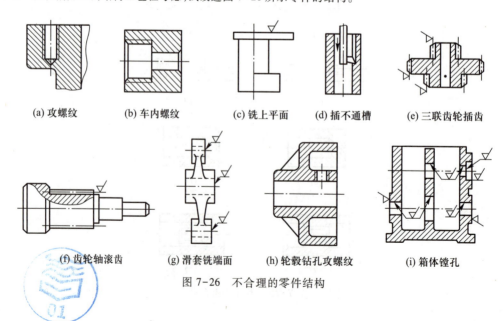

(a) 攻螺纹　　(b) 车内螺纹　　(c) 铣上平面　　(d) 插不通槽　　(e) 三联齿轮插齿

(f) 齿轮轴滚齿　　(g) 滑套铣端面　　(h) 轮毂钻孔攻螺纹　　(i) 箱体镗孔

图 7-26　不合理的零件结构

参考文献

[1] 卢秉恒.机械制造技术基础[M].4 版.北京:机械工业出版社,2018.

[2] 于骏一,邹青.机械制造技术基础[M].2 版.北京:机械工业出版社,2020.

[3] 黄卫东,周宏甫.机械制造技术基础[M].3 版.北京:高等教育出版社,2021.

[4] 陆剑中,孙家宁.金属切削原理与刀具[M].5 版.北京:机械工业出版社,2016.

[5] 李斌.数控加工技术[M].北京:高等教育出版社,2005.

[6] 李佳.计算机辅助设计与制造[M].天津:天津大学出版社,2002.

[7] 杜君文.机械制造技术装备及设计[M].天津:天津大学出版社,2007.

[8] 谭永刚,陈江进.数控加工工艺[M].北京:国防工业出版社,2009.

[9] 上海宇龙软件工程有限公司数控教材编写组.数控技术应用教程:数控铣床和加工中心 [M].北京:电子工业出版社,2008.

[10] 陈艳,胡丽娜.数控加工技术[M].北京:电子工业出版社,2014.

[11] 数控技能教材编写组.数控车床编程与操作[M].上海:复旦大学出版社,2006.

[12] 上海宇龙软件工程有限公司数控教材编写组.数控技术应用教程:数控车床[M].北京:电 子工业出版社,2008.

[13] 吴明友.数控加工技术[M].北京:机械工业出版社,2008.

[14] 刘强.机床数字控制技术手册:技术基础卷[M].北京:国防工业出版社,2013.10

[15] 明平美.精密与特种加工技术[M].北京:电子工业出版社,2011.

[16] 杨叔子.机械加工工艺师手册:特种加工[M].北京:机械工业出版社,2012.

[17] 王先逵.机械加工工艺手册:精密加工和纳米加工[M].北京:机械工业出版社,2008.

[18] 杨叔子.机械加工工艺师手册:数控加工[M].北京:机械工业出版社,2012.